KB244046

HIDE AND SEEK
CAKE

숨바꼭질 케이크

초판 인쇄일 2017년 10월 10일
초판 발행일 2017년 10월 17일

지은이 시모사코 아야미
옮긴이 지윤철
발행인 박정모
등록번호 제9-295호
발행처 도서출판 혜지원
주소 (10881) 경기도 파주시 회동길 445-4(문발동 638) 302호.
전화 031) 955-9221〜5 **팩스** 031) 955-9220
홈페이지 www.hyejiwon.co.kr
블로그 blog.naver.com/hyejiwon9221
페이스북 www.facebook.com/hyejiwon9221

기획 · 진행 박혜지
디자인 김성혜
영업마케팅 김남권, 황대일, 서지영
ISBN 978-89-8379-945-6
정가 13,000원

NAKAKARA HAPPY SURPRISE! KAKURENBO CAKE
© Ayami Shimosako 2015
Originally published in Japan in 2015 by NITTO SHOIN HONSHA CO., LTD., TOKYO,
Korean translation rights arranged with NITTO SHOIN HONSHA CO., LTD., TOKYO,
through TOHAN CORPORATION, TOKYO, and Danny Hong Agency, SEOUL.
Korean translation copyright © (2017) by Hyejiwon Publishing Co.

이 도서의 국립중앙도서관 출판예정도서목록(CIP)은 서지정보유통지원시스템 홈페이지(http://seoji.nl.go.kr)와
국가자료공동목록시스템(http://www.nl.go.kr/kolisnet)에서 이용하실 수 있습니다.(CIP제어번호: CIP2017021965)

HIDE AND SEEK
CAKE

숨바꼭질 케이크

시모사코 아야미 지음 | 지윤철 옮김

혜지원

'가슴이 두근거리는 케이크를 만들면 어떨까?'라고 항상 생각해왔습니다.

이 케이크는 조금 비밀스런 케이크인데요, 자르면 귀여운 모양이 나타나기도 하고 색깔이 다채롭기도 하면서, 맛에도 변화를 준 케이크입니다.

조금은 독특하면서도 보기에 예쁘고 맛도 있는 서프라이즈한 케이크를 만들고 싶었습니다. 야채나 과일 파우더를 사용하면 약간 수수하면서도 부드러운 색상과 그 자체의 맛이 납니다. 그 외에 보다 케이크 색깔을 선명하게 하는 식용색소도 가끔 넣어봅니다.

동그라미 모양, 세모 모양 그리고 다양한 색상을 조합해서 만들고, 더 나아가 맛의 조합도 생각해 '독특함'에 중점을 두고 레시피를 만들었습니다. 직접 고민하고 만들었기 때문에 다른 어떠한 가게에도 없는 색다른 케이크를 만들 수 있었습니다. 상상력을 발휘하여 케이크를 만드는 것은 정말 즐거운 일입니다.

책 페이지를 넘겨가며 어느 것부터 만들까? 하는 행복한 고민을 하고 실제로 케이크를 만들어보고 또 잘랐을 때 가슴이 두근거리면서 다같이 놀라고, 기뻐하고, 그리고 케이크를 먹으면서 웃는 모습을 이 책과 함께하는 여러분들과 같이 공유하고 즐기고 싶습니다. 이것이야말로 이 책을 만든 저의 가장 큰 기쁨입니다.

시모사코 아야미

숨바꼭질 케이크란?

케이크 안에 무엇인가가 '숨어 있어서' 그것을 숨바꼭질하듯이 찾는 케이크입니다.
귀여움을 모티브 삼아 달콤하면서도 형형색색의 색깔과 다양한 모양으로 꾸며서,
케이크를 받았을 때 기분 좋은 두근거림을 선사합니다.
나이프로 케이크를 잘라보면 깜짝 놀랄만한 재미를 더해줍니다.
과연 케이크 안에 무엇이 숨겨져 있을까요?

여기에서는 '레이어 케이크', '디자인 스펀지케이크', '일러스트 파운드케이크',
3가지 타입의 숨바꼭질 케이크를 소개하고 있습니다.
또한 간단하게 만들 수 있는 것과 그렇지 않은 것도 있으므로 모든 케이크에 난이도를 기재했습니다.
처음에는 난이도가 낮은 것부터 시작해서, 특별한 날에는 조금 난이도 있는 비장의 케이크에 도전해보세요.
나이프로 자른 순간, '우와' 하고 사람들의 깜짝 놀라는 얼굴을 보기 위해
숨바꼭질 케이크로 행복한 서프라이즈를 연출해보세요!

목 차

PART 1

기본 만드는 법

PART 2

레이어 케이크

이 책의 사용법

- 계란은 큰 사이즈(내용물 60g / 흰자 40g, 노른자 20g 기준)를 사용하고 있습니다.
- 버터는 무염 버터를 사용하고 있습니다.
- 오븐은 가스 오븐을 사용하고 있습니다. 전기 오븐의 경우는 10℃ 온도를 올려주세요.
  단, 오븐은 기종에 따라 온도가 다를 경우가 있으니 상태를 보면서 조절해주세요.

기본 반죽이나 크림을 만드는 도구

1 체

가루 종류를 거를 때 사용합니다.

2 거품기

계란을 풀거나 크림을 섞을 때 사용합니다.

3 볼

용도에 따라 대·중·소 사이즈로 나눠서 사용합니다.

4 핸드믹서

반죽이나 크림을 거품 낼 때 사용합니다.

5 케이크팬

이 책에서는 일반적으로 쉽게 구할 수 있는 직경 11.6cm 원형을 사용합니다. 2~3개를 동시에 굽습니다.

6 파운드팬

여기에서는 18×8×6cm의 팬을 사용합니다.

7 오븐페이퍼(종이호일)

원형 팬이나 파운드팬에 깝니다.

8 실리콘(고무) 주걱

내열성이 있는 것이 사용하기 편해 추천합니다.

9 짤주머니

씻어서 반복해 사용할 수 있는 타입과 일회용 타입이 있습니다.
데코레이션이나 반죽을 팬에 짜 넣을 때 사용합니다.

10 깍지

이 책에서는 데코레이션에 따라 사용하는 종류가 다릅니다. 각 레시피에 표기되어 있습니다.

11 저울

1g부터 잴 수 있는 디지털 타입을 추천합니다.

{ 케이크를
성형하는 도구 }

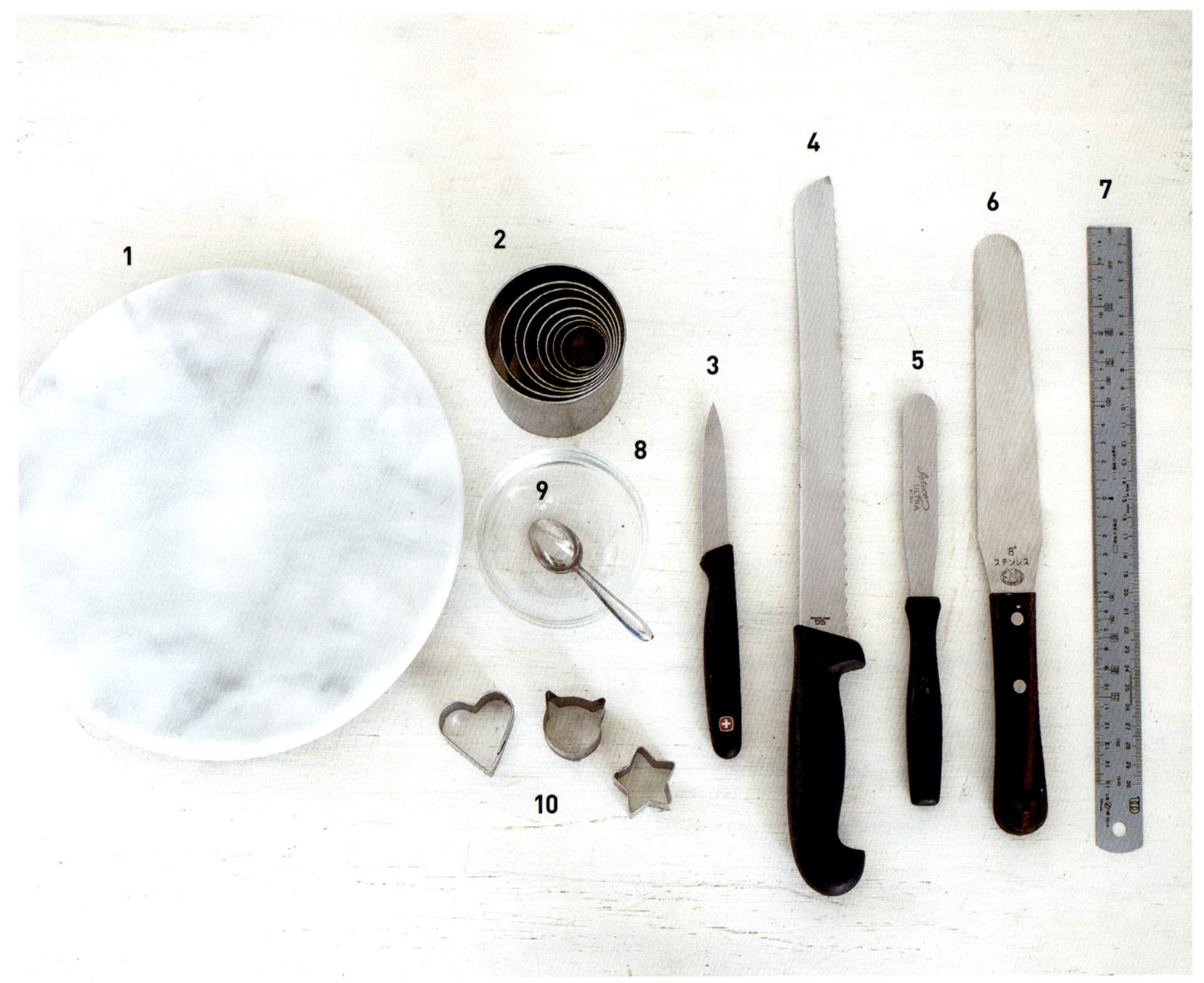

1 회전판(돌림판)

케이크에 데코레이션을 할 때 사용합니다.

2 무스링

여기에서는 '원형 무스링 세트' No.1~8을 사용하고 있습니다.

3 작은 칼

반죽을 세밀하게 잘라낼 때 사용합니다.

4 케이크 나이프

반죽을 가로세로로 크게 나눠서 자를 때 사용합니다.

크림이 발린 케이크를 자를 때는 칼을 데워서 자르면 깔끔하게 잘립니다.

5, 6 팔레트 나이프

반죽을 고르거나 크림을 바르거나 할 때 사용하며 큰 사이즈와 작은 사이즈로 나누어서 사용합니다.

7 자

자로 재면서 반죽을 만들어 나갑니다.

8 작은 볼

착색용 파우더 등을 소량 넣고 싶을 때 사용합니다.

9 스푼

반죽을 돔 모양으로 만들 때 사용합니다.

10 쿠키 틀

반죽에 일러스트 모양을 낼 때 사용합니다.

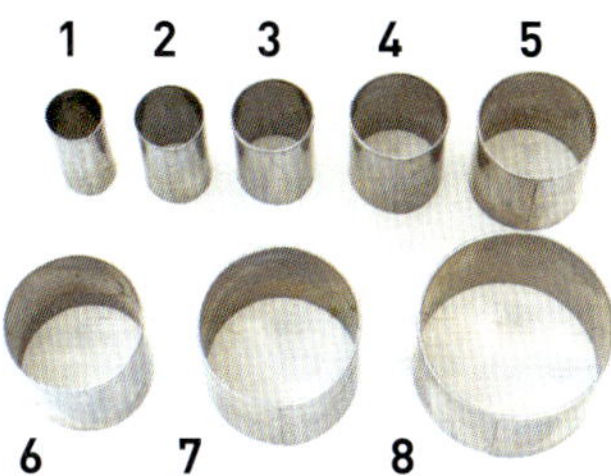

〈원형 무스링 세트(오카시노 모리 제품)〉

직경

No.1 = 2.2cm	No.5 = 4.7cm
No.2 = 2.8cm	No.6 = 5.2cm
No.3 = 3.2cm	No.7 = 6.0cm
No.4 = 3.8cm	No.8 = 7.2cm

{ 반죽을 만드는 재료 }

1 박력분

단백질이 적으므로 가벼운 식감이 납니다.

2 버터

이 책에서는 무염버터를 사용합니다.

3 파우더 종류

야채나 과일을 분말로 만든 것으로 반죽에 색이나 맛을 낼 때 사용합니다.
제과 재료점이나 인터넷에서 구입할 수 있습니다.

4 그래뉴당

깔끔한 단맛이 납니다.

5 계란

이 책에서는 L사이즈(내용물 60g / 노른자 20g, 흰자 40g 기준)를 사용합니다.

6 베이킹파우더

반죽을 부풀리는 팽창제의 일종. 알루미늄이 들어 있지 않은 것을 사용하고 있습니다.

7 우유

반죽을 촉촉하게 하고 싶을 때 넣습니다.

〈데코레이션 재료〉

좋아하는 재료로 데코레이션 해주세요. 이 책에서는 은색 구슬이나
스프링클(별 모양, 하얀 구슬, 색종이 조각 등)을 사용하였습니다.

기본 만드는 법

숨바꼭질 케이크의 반죽은 크게 나눠서
스펀지와 버터케이크(파운드케이크) 2종류가 있습니다.
크림은 버터크림과 휘핑크림 등 4종류로
크림에 색을 입혀 다양한 숨바꼭질 케이크를 만듭니다.

기본 스펀지

이 책에서 만드는 스펀지는 보통 스펀지와 일러스트용 스펀지 2종류가 있습니다.
재료에 우유가 들어갔는가 안 들어갔는가의 차이가 있는데 만드는 방법은 동일합니다.
기본적으로 한 번에 2개를 굽습니다.

보통 스펀지

재료

(직경 약 11.6cm, 원형 팬 2개분)

계란 … 180g(3개분)
그래뉴당 … 120g
박력분 … 120g
버터 … 30g
우유 … 15g

> **TIP!** **코코아 스펀지의 경우**
>
> 재료의 〈박력분(120g)〉을 아래와 같이 변경한다.
>
> **박력분** … 100g
> **코코아 파우더** … 20g
> ◎ 코코아 파우더가 들어있는 경우, 반죽을 너무 젓게 되면 부풀지 않게 되니 주의한다.

준비

- 재료는 모두 상온에 꺼내두어 차지 않도록 한다.
- 팬에 종이호일을 깐다.
- 박력분을 체로 내려둔다.
- 중탕을 준비한다.
- 버터와 우유를 같이 볼에 넣고 중탕으로 버터를 녹인다.
- 오븐을 170℃로 예열한다.

종이호일 까는 법

종이호일을 팬 바닥에 맞춘 원형과, 약 높이 8cm × 길이 38cm 이상의 직사각형으로 자른다.

각각 팬에 끼운다. ◐ 팬 안쪽에 버터를 얇게 발라두면 종이호일이 팬에 달라붙어 다루기 쉽다.

01 계란을 잘 풀고 나서 그래뉴당을 넣는다.

02 **01**을 중탕해주면서 38℃로 만든다.

03 핸드믹서의 고속으로 풍성해질 때까지 거품을 낸 후, 저속으로 떨어뜨려 1분 정도 거품을 정리한다. ➋반죽을 떠서 떨어뜨려 보았을 때 리본 모양으로 겹쳐지면 OK.

04 박력분을 전체에 뿌려 넣고 실리콘 주걱으로 가루가 없어질 때까지 섞는다.

05 준비해둔 버터와 우유 볼에 **04**를 실리콘 주걱으로 두 주걱 정도 넣고 잘 저은 후에 **04**에 다시 넣는다.

06 반죽이 균일하게 되어 윤기가 날 때까지 실리콘 주걱으로 섞는다. ➋반죽을 떠서 떨어뜨려 보았을 때 가늘게 이어져서 떨어지면 OK.

07 2개의 팬에 똑같이 부어 넣고 예열한 오
븐에서 30~35분간 굽는다.

재료

(직경 약 11.6cm, 원형 팬 2개분)

계란 … 180g(3개분)
그래뉴당 … 120g
박력분 … 120g
버터 … 30g

TIP! 블랙코코아 스펀지의 경우

재료의 〈**박력분(120g)**〉을 아래와 같이 변경
한다.

박력분 … 100g
코코아 파우더 … 10g
블랙코코아 파우더 … 10g
◐ 코코아 파우더가 들어있는 경우, 반죽을
너무 젓게 되면 부풀지 않게 되니 주의한다.

준비&만드는 법

• 보통 스펀지 만드는 방법과 동일합니다.
단, 우유는 넣지 않습니다.

기본 버터케이크

버터케이크는 케이크의 종류에 맞춰 얇게 굽는 경우도 있고
파우더 종류나 식용색소로 착색을 하는 경우도 많습니다.

재료

(직경 11.6cm 원형 팬 2개분)

버터 … 140g
그래뉴당 … 140g
계란 … 120g(2개분)
우유 … 10g
A │ 박력분 … 200g
　　│ 베이킹파우더 … 6g

준비

- 재료는 모두 상온에 꺼내두어 차지 않도록 한다.
- 팬에 종이호일을 깐다.
- **A**를 합쳐서 체로 내려둔다.
- 오븐을 170℃로 예열한다.

기본 버터케이크 분량

기본 버터케이크 2개분의 재료는 〈두께가 얇은 것〉 4개분입니다.

기본 버터케이크 2개분　＝　〈두께가 얇은 것〉 4개분

종이호일을 팬의 바닥에 맞춘 원형과, 약 높이 8cm×길이 38cm 이상의 직사각형으로 자른다. 〈두께가 얇은 것〉의 경우는 높이를 팬에 맞춘다.

각각 팬에 끼운다. ❷ 팬 안쪽에 버터를 얇게 발라 두면 종이호일이 팬에 달라붙어 다루기 쉽다.

만드는 법

01 버터를 실리콘 주걱으로 덩어리가 없어질 때까지 반죽하고, 그래뉴당을 넣어 잘 섞일 때까지 저어준다.

02 핸드믹서를 저속으로 해서 하얗고(아이보리색) 풍성해질 때까지 섞어준다.

03 풀어놓은 계란을 소량씩 8회 전후로 나누어 넣고, 그때마다 핸드믹서의 저속으로 섞어준다.

04 A를 반 넣고 실리콘 주걱으로 섞어준다.

05 가루가 조금 남아 있을 때 우유를 더해서 섞어준다.

06 남은 **A**를 넣고, 가루가 완전히 없어져서 반죽에 윤기가 날 때까지 섞어준다.

07 2개의 팬에 똑같이 넣고, 표면을 고른다. 예열한 오븐에서 약 35분간 굽는다.
❥ 〈두께가 얇은 것〉의 경우는 약 30분간 굽는다.

Coloring Ingredient

착색 재료

이 책에서 사용하고 있는 착색 재료를 소개합니다.
이를 이용해서 반죽이나 크림을 착색하면 됩니다.

야채나 과일 등을 파우더로 한 천연색소와 코코아 파우더나 말차 파우더 등을 이용하면 색깔
도 나면서 맛도 재료에 따라 다른 맛이 납니다.

딸기 파우더
※ cuoca 「딸기 파우더」

자색고구마 파우더
※ 미카사산업 「자색고구마 파우더」

코코아 파우더
※ cuoca 「코코아 파우더」

블랙코코아 파우더
※ cuoca 「블랙코코아 파우더」

말차 파우더
※ cuoca 「교토말차 파우더」

호박 파우더
※ cuoca 「호박 파우더」

블루베리 파우더
※ cuoca 「블루베리 파우더」

당근 파우더
※ 미카사산업 「당근 파우더」

화학합성된 천연색소로 소량만 사용해도 확실히 착색됩니다.

크리스마스레드

오렌지

스카이블루

➡ 모두 Wilton 「아이싱컬러」

반죽의 착색 방법

반죽의 착색 방법에는 색이나 작업공정에 따라
3가지 패턴이 있습니다.

가루 종류와 같이 파우더 체로 거르기

준비단계에서 박력분이나 베이킹파우더 등의 가루
종류와 파우더를 합쳐서 체로 거릅니다.

반죽에 파우더 섞기

굽기 직전의 반죽에 파우더를 섞습니다. 한 번에 여
러 색을 만들고 싶을 때는 이 방법이 좋습니다. 플
레인 반죽을 만들고 나서 필요한 만큼만 각각 착색
합니다.

반죽에 식용색소 넣기

파우더의 색깔만으로 발색이 약할 때는 식용색소로
보충합니다. 소량으로도 확실히 착색이 되므로 이
쑤시개 끝에 묻혀서 반죽에 추가해갑니다. 그때그
때마다 색깔을 확인하도록 합니다.

〈색 조절에 대해서〉

이 책에서는 기준이 되는 착색 재료의 분량을
기재하였는데, 제품에 따라 발색 정도가 다른
경우가 있습니다. 취향에 따라 색을 조정하고
싶을 때는 파우더 종류의 양은 바꾸지 말고 식
용색소의 양을 바꾸도록 해주세요. 이때는 반드
시 눈으로 보고 확인하면서 소량씩 식용색소를
추가해주세요.

버터크림 만드는 법

데코레이션에 사용할 때는 많이 만들 필요가 있지만
반죽 접착용 등 소량만 필요할 때는 간단히 만드는 방법도 있습니다.
필요량에 따라 만드는 법을 선택해주세요.

재료

(버터크림 약 210g)

흰자 … 60g
가루설탕 … 60g
버터 … 100g

준비

• 버터를 상온에 꺼내두어 차지 않도록 한다.
• 중탕을 준비한다.

만드는 법

01 볼에 흰자와 가루설탕을 넣고 거품기로 전체가 잘 섞일 때까지 골고루 저어준다.

02 볼을 약불에 중탕하여 흰자가 굳지 않도록 계속 거품기로 저어주면서 만졌을 때 뜨겁다고 느낄 수 있을 정도(50~55℃)로 데운다.

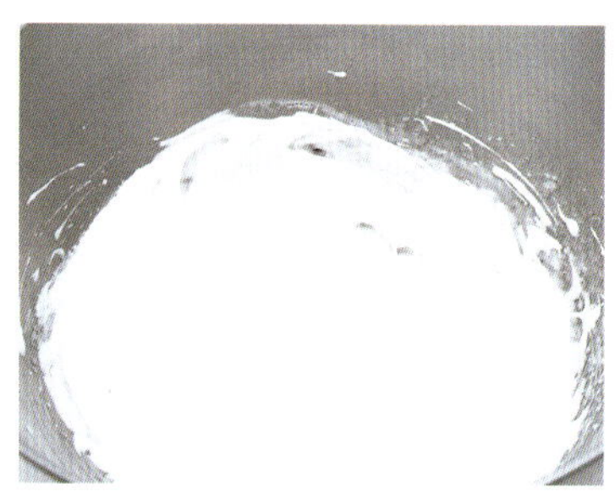

03 중탕에서 내린 다음 핸드믹서의 고속으로 열이 없어지고 크림이 원뿔처럼 걸쭉해질 때까지 거품을 낸다.

04 버터를 조금씩 넣으며, 그때마다 골고루 잘 섞일 때까지 핸드믹서로 섞어준다. ❷만약 도중에 크림이 분리되더라도 남은 버터를 넣고 확실히 섞어주면 된다.

05 버터가 골고루 잘 섞이면 핸드믹서를 저속으로 더 저어서 매끈한 크림상태로 만든다.

재료

(약 100g)

버터 … 50g
가루설탕 … 50g

준비

• 버터를 상온에 꺼내두어 차지 않도록 한다.

만드는 법

01 버터를 볼에 넣고 핸드믹서로 풍성해질 때까지 거품을 낸다.

02 가루설탕을 더해 전체가 하얗게 될 때까지 거품을 낸다.

버터크림 착색 방법

01 36℃로 데운 우유를 착색용 파우더에 넣는다. ❯ 찬 우유에는 파우더가 녹지 않는다.

02 거품기로 잘 섞어서 페이스트 모양으로 만든다.

03 02를 버터크림에 넣고 잘 섞어준다.

04 색깔이 연한 경우에는 식용색소를 소량 넣는다.

착색 버터크림 분량 기준

딸기 버터크림

재료 … 약 60g 분

버터크림 … 50g
우유 … 계량용 스푼(5ml)
　　　　　1과 1/2
딸기 파우더 … 4g
식용색소(크리스마스레드) … 적당량

호박 버터크림

재료 … 약 60g 분

버터크림 … 50g
우유 … 계량용 스푼(5ml) 2
호박 파우더 … 4g

당근 버터크림

재료 … 약 60g 분

버터크림 … 50g
우유 … 계량용 스푼(5ml)
　　　　　1과 1/2
당근 파우더 … 4g

말차 버터크림

재료 … 약 55g 분

버터크림 … 50g
우유 … 계량용 스푼(5ml) 1
말차 파우더 … 2g

블루베리 버터크림

재료 … 약 60g 분

버터크림 … 50g
우유 … 계량용 스푼(5ml) 1과 1/2
블루베리 파우더 … 4g
레몬즙 … 계량용 스푼 (5ml) 1/2
식용색소(스카이블루) … 적당량

✪ 레몬즙을 넣으면 발색이 좋아진다. 파우더의 페이스트와 버터크림을 섞은 후에 넣는다.

How to make Whipping Cream

휘핑크림 만드는 법

반죽에 바르거나 짤 때 크림의 상태는 7~8분 정도의 거품으로 조절합니다.
사용하기 직전에 거품을 내면 작업이 순조롭습니다.

재료

(약 220g)

생크림(유지방분 45~47%)
··· 200g
그래뉴당 ··· 20g

준비

• 얼음물을 준비한다.

만드는 법

재료를 모두 볼에 넣고 얼음물을 담은 다른 볼 위에 얹은 후, 핸드믹서나 거품기로 거품을 낸다.

7분 거품내기

거품기로 떠올리면 찰기가 져서 원뿔 모양을 만들 때 그 모양이 천천히 흘러내리는 정도입니다.

8분 거품내기

거품기로 떠올리면 7분 거품보다도 더 단단하게 원뿔 모양이 만들어집니다.

치즈크림 만드는 법

버터케이크나 파운드케이크와의 궁합이 아주 좋습니다.

재료

(약 400g)

크림치즈 … 200g
가루설탕 … 100g
버터 … 100g

준비

• 버터와 크림치즈를 상온에 두
  어 부드럽게 한다.

만드는 법

01 볼에 크림치즈와 가루설탕을 넣고 전
체가 골고루 잘 섞이도록 반죽한다.

02 핸드믹서로 풍성해질 때까지 거품을
낸다.

03 버터를 넣고 전체가 하얗게(아이보리
색) 될 때까지 거품을 낸다.

How to make Ganache Cream

가나슈크림 만드는 법

초콜릿을 녹이면서 재료를 섞습니다.
녹지 않은 것이 없도록 주의합니다.

재료

(약 220g)

스위트 초콜릿 … 100g
생크림(유지방분 35～36%) … 100g
버터 … 20g

준비

• 버터를 상온에 꺼내두어 차지 않도록 한
 다.
• 중탕을 준비한다.

만드는 법

01 볼에 초콜릿을 넣고 중탕을 하여 50% 정도 녹인다.

02 생크림을 냄비에 넣고 중불로 하여 주위가 끓어오르기 시작하면 불에서 내린다.

03 02를 01에 천천히 붓고 1분 정도 둔다.
ⓞ 초콜릿이 더 녹는다.

04 실리콘 주걱으로 중심에서부터 천천히 섞어 매끈한 상태로 만든다. ⓞ 공기가 들어가지 않도록 주의한다. 초콜릿이 덜 녹았을 때는 미지근한 온도로 중탕한다.

05 버터를 넣고 전체가 골고루 잘 섞일 때 까지 젓는다.

06 시원한 곳에 두고 가끔 섞어주면서 바르 기 쉬운 농도로 조절한다. ⓞ 실내 기온 이 높을 때는 냉장고에 넣는다.

크림 바르는 법

모든 크림에 공통되는 기본적인 방법입니다.
데코레이션에 따라 두께를 적당히 조절합니다.

얇게 바른다

짤주머니로 데코레이션을 하는 경우에는 얇게 바른다.

01 반죽을 돌림판에 얹고 윗면에 크림을 올린다. 팔레트 나이프로 전체에 바르며 펴나간다.

02 돌림판을 돌리면서 크림이 균등하게 되도록 얇게 펴나간다. 바르고 남은 크림은 사이드로 떨어뜨린다.

03 측면을 따라 팔레트 나이프를 세로로 대고 돌림판을 돌리면서 균일하게 얇게 발라간다. 크림이 모자라게 되면 그때 마다 측면에 추가해준다.

04 윗면으로 비어져 나온 크림을 팔레트 나이프로 중앙을 향해 가지런히 해주면서 완성한다.

데코레이션을 하지 않는 경우에는 겹쳐서 발라준다.

05 **04**의 위쪽에 한 번 더 크림을 올려두고 돌림판을 돌리면서 크림이 균등하게 되도록 펴나간다.

06 측면을 따라 팔레트 나이프를 세로로 대고 돌림판을 돌리면서 균일한 두께로 발라간다.

07 윗면으로 비어져 나온 크림을 팔레트 나이프로 중앙을 향해 고르게 펴나간다.

08 균등하게 크림이 발라지면 완성.

〈크림을 바를 때 주의점〉

크림은 짤주머니에 넣어 데코레이션을 하는 면은 얇게 바르고, 하지 않는 면은 꼼꼼하게 덧바르도록 합니다. 그리고 팔레트 나이프로 모양을 내는 경우에는 처음에 크림을 두툼하게 바릅니다.

How to use piping bag

짤주머니 사용법

데코레이션에 사용합니다.
굽기 전의 반죽을 짤주머니에 넣어서 틀에 부어넣는 경우도 있습니다.

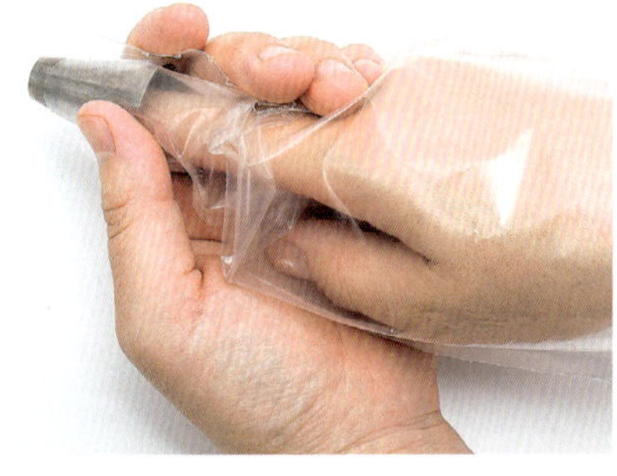

01 짤주머니 끝을 조금 잘라내고, 깍지에 손가락을 넣어 구멍으로 통과시킨다. ❯ 구멍이 작으면 깍지 사이즈에 맞추어 짤주머니를 더 잘라낸다.

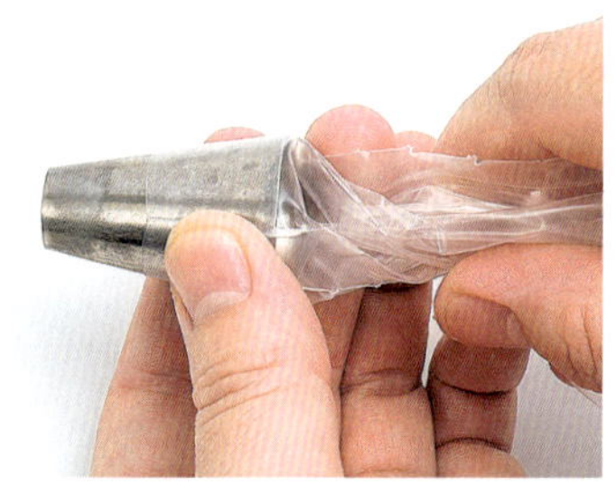

02 깍지 입구 부분의 짤주머니를 비틀어준다.

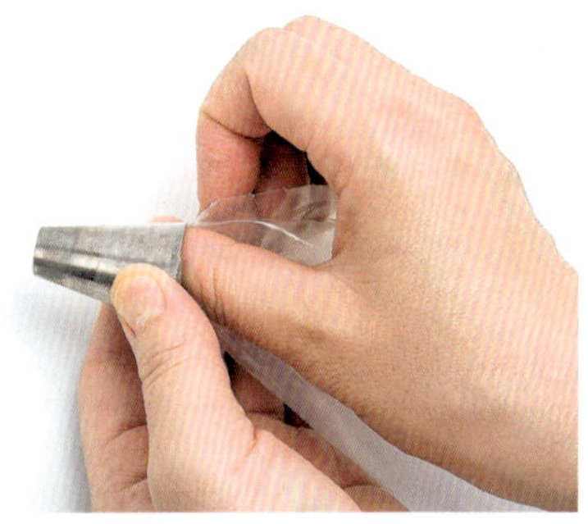

03 크림을 넣었을 때 밖으로 흘러나오지 않도록 비튼 부분을 엄지로 깍지에 밀어 넣는다.

04 컵을 세워 두고 짤주머니를 넓히고, 크림이나 반죽을 넣는다.

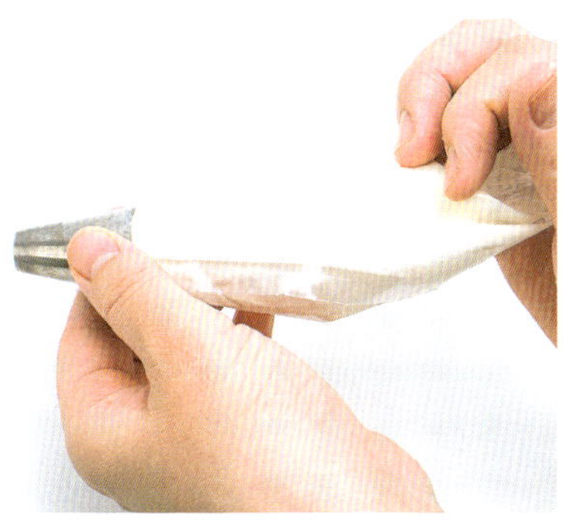

05 크림을 깍지 쪽으로 밀어붙이고, 짤주머니 입구를 비틀어 오른손 엄지와 검지 사이에 끼워서 든다. 다른 한 손은 깍지를 잡는다.

〈깍지의 종류〉

이 책에서는 6종류의 깍지를 사용하고 있습니다.

 원형깍지

 별깍지(꽃깍지)

 나뭇잎깍지

 장미깍지

 잔디(몽블랑)깍지

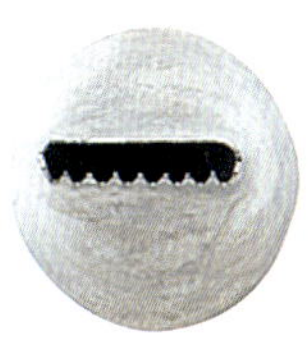 바구니빗살깍지

5장짜리 꽃잎 만드는 법

Step 1 준비할 것

좋아하는 색으로 착색한 버터크림
⋯ p24 – 27참조
✿ 식용색소만으로 착색해도 된다.

장미깍지
플라워 네일
OPP 시트

베이킹 꽃받침팁
아이싱 등으로 꽃 부품을 만들 때 사용하는 도구. 제과용품점 같은 곳에서 구입할 수 있습니다.

OPP 시트
투명한 셀로판 시트. 사용하기 쉬운 모양으로 잘라서 이용합니다.

Step 2 만드는 방법

1 짤주머니에 장미깍지를 끼우고 버터크림을 넣는다.

플라워 네일에 버터크림을 소량 묻혀서 가로세로 각 3cm로 자른 OPP 시트를 붙인다.

깍지 끝부분이 넓은 쪽을 플라워 네일의 중심에 대고, 그곳을 축으로 해서 플라워 네일을 반시계 방향으로 돌리면서 첫 번째 꽃잎을 짠다.

3의 꽃잎 아래에 깍지 끝이 넓은 쪽을 집어넣고, 두 번째 꽃잎을 첫 번째와 같은 방법으로 짠다.

같은 요령으로 세 번째, 네 번째 꽃잎도 짜나간다.

마지막 꽃잎은 중심을 향해 자르듯이 들어올린다.

OPP 시트 째로 쿠키팬이나 접시에 옮기고, 꽃 가운데에 하얀 구슬을 꽃술이라 생각하고 얹는다. 냉장고에 30분 이상 넣어서 굳힌다.

Part 2

Layer Cake

레이어 케이크

겉모습은 새하얀 케이크지만
큼직한 한 조각을 잘라내면 케이크의 화려한 변신이 시작됩니다.
컬러풀한 화려함에 틀림없이 '와!' 하고 환성을 지를 겁니다.
생일 파티나 이벤트에도 딱이죠.
여러 색깔로 할 때는 여러 번 나누어 굽습니다.

Colorful Cake
컬러풀 케이크

Gradation Cake
그라데이션 케이크

컬러풀 케이크

여섯 색깔의 반죽을 2회에 나누어 구운 고급스런 케이크입니다.
어디에서나 눈길을 사로잡습니다!

난이도 ★★★☆☆

재료

(직경 약 13cm)

버터케이크 〈얇은 것〉 3개분 ▶ 첫 번째

버터 … 105g
그래뉴당 … 105g
계란 … 90g(1과 1/2개분)
우유 … 7g
A | 박력분 … 150g
　| 베이킹파우더 … 4g

착색

첫 번째 단
블루베리 파우더 … 8g
식용색소(스카이블루) … 적당량

두 번째 단
당근 파우더 … 8g
식용색소(오렌지) … 적당량

세 번째 단
말차 파우더 … 3g

접착 · 데코레이션
치즈크림 … 약 450g ▶ p29 참조

버터케이크 〈얇은 것〉 3개분 ▶ 두 번째

버터 … 105g
그래뉴당 … 105g
계란 … 90g(1과 1/2개분)
우유 … 7g
A | 박력분 … 150g
　| 베이킹파우더 … 4g

착색

네 번째 단
호박 파우더 … 8g

다섯 번째 단
자색고구마 파우더 … 8g
레몬즙 … 계량용 스푼(5ml) 1/2

여섯 번째 단
딸기 파우더 … 8g
식용색소(크리스마스레드) … 적당량

준비

- 재료는 모두 상온으로 두어 차지 않도록 한다.
- 종이호일을 팬에 깐다.
  ✿ 〈얇은 것〉용 ▶ p21 참조
- **A**를 각각 합쳐서 체로 거른다.
- 오븐을 170℃로 예열한다.
- 치즈크림을 만든다.

01 '기본 버터케이크(p20 – 22)' **01~06**과 같은 요령으로
첫 번째의 플레인 반죽을 만든다.

02 **01**을 3등분해서 각각에 착색을 한다. 먼저 파우더를
체로 쳐서 넣고 섞어준다.

굽기 전 각 단의 반죽 색깔

03 블루베리와 당근 파우더를 넣은 반죽은 색의 농도를
확인하며 식용색소를 추가한다.

05 예열한 오븐에서 약 30분간, 3
개를 동시에 굽는다. 팬에서 꺼
내어 케이크 식힘망 위에서 식
힌다.

06 **첫 번째**와 같은 요령으로 **두 번째**
의 플레인 반죽을 만들고 3등분
해서 착색을 한다. 딸기 반죽은
색의 농도를 확인하며 식용색소
를 넣고 섞어준다. ◗ 자색고구
마는 레몬즙을 넣으면 발색이
좋아진다. 파우더를 반죽에 섞
은 후에 넣는다.

04 각각을 팬에 넣고 표면을 가지
런히 고른다.

굽기 전 각 단의 반죽 색깔

07 각각을 팬에 넣고 표면을 가지런히 고른다.

08 예열한 오븐에서 약 30분간, 3개를 동시에 굽는다. 팬에서 꺼내어 케이크 식힘망 위에서 식힌다.

09 각각의 버터케이크 반죽을 2~2.5cm 두께가 되도록 가로로 자른다.

10 첫 번째 단(블루베리) 이외의 바닥면의 갈색 부분은 얇게 잘라낸다.

겹치기 전의 단

11 첫 번째 단 위에 치즈크림을 바르고 두 번째 단을 겹친다.

12 같은 방법으로 치즈크림을 바르면서 **여섯 번째** 단까지 겹친다.

13 **12**의 표면에 치즈크림을 바른다. ···▶ p32 참조
팔레트 나이프로 케이크 표면에 크림을 발라서 전체적으로 모양을 낸다.

그라데이션 케이크

사랑스러운 핑크 그라데이션은
색의 농도 조절이 포인트입니다.

난이도 ★★★☆☆

재료

(직경 약 13cm)

버터케이크 〈얇은 것〉 3개분 ▶ **첫 번째**

버터 ⋯ 105g
그래뉴당 ⋯ 105g
계란 ⋯ 90g(1과 1/2개분)
우유 ⋯ 7g
A | 박력분 ⋯ 150g
   | 딸기 파우더 ⋯ 23g
   | 베이킹파우더 ⋯ 4g

착색

식용색소(크리스마스레드) ⋯ 적당량

버터케이크 〈얇은 것〉 3개분 ▶ **두 번째**

버터 ⋯ 105g
그래뉴당 ⋯ 105g
계란 ⋯ 90g(1과 1/2개분)
우유 ⋯ 7g
A | 박력분 ⋯ 150g
   | 딸기 파우더 ⋯ 23g
   | 베이킹파우더 ⋯ 4g

착색

식용색소(크리스마스레드) ⋯ 적당량

접착 · 데코레이션

치즈크림 ⋯ 약 550g ⋯ p29 참조
깍지 ⋯ 별깍지(8발)

준비

- 재료는 모두 상온으로 두어 차지 않도록 한다.
- 종이호일을 팬에 깐다. ◐ 〈얇은 것〉용 ⋯ p21 참조
- **A**를 각각 합해서 체로 거른다.
- 오븐을 170℃로 예열한다.
- 치즈크림을 만든다.

만드는 법

01 '기본 버터케이크(p20-22)' **01~06**과 같은 요령으로 **첫 번째**의 딸기 버터케이크 반죽을 만든다.

02 **01**을 3등분하고 한 개는 그대로 한다. 다른 두 개는 식용색소로 색의 농도를 달리하여 착색한다(굽기 전 각 단의 반죽 색깔 참조).

첫 번째 단

두 번째 단

세 번째 단

굽기 전 각 단의 반죽 색깔

03 각각을 팬에 넣고 표면을 고른다. ❥두 번째 착색할 때 참고하기 위해 굽기 전의 반죽을 조금 떼어 두면 만들기 쉽다.

04 예열한 오븐에서 약 30분간, 3개를 동시에 굽는다. 팬에서 꺼내어 케이크 식힘망 위에서 식힌다.

05 **첫 번째**와 같은 요령으로 **두 번째**의 플레인 반죽을 만들고 3등분해서 식용색소로 3단계의 농도로 착색한다.

네 번째 단

다섯 번째 단

여섯 번째 단

굽기 전 각 단의 반죽 색깔

06 각각을 팬에 넣고 표면을 가지런히 고른다.

07 예열한 오븐에서 약 30분간 3개를 동시에 굽는다. 팬에서 꺼내어 케이크 식힘망 위에서 식힌다.

08 **첫 번째 – 여섯 번째 단** 각각의 반죽을 2~2.5cm 두께가 되도록 가로로 자른다.

09 **첫 번째 단** 이외의 바닥면의 갈색 부분은 얇게 잘라낸다.

첫 번째 단

두 번째 단

세 번째 단

네 번째 단

다섯 번째 단

여섯 번째 단

겹치기 전의 단

<table>
<tr><td>10</td><td>첫 번째 단 위에 치즈크림을 바르고 두 번째 단을 겹친다.</td><td>11</td><td>같은 방법으로 치즈크림을 바르면서 여섯 번째 단까지 겹친다.</td></tr>
</table>

12 11에 치즈크림을 얇게 바른다. ⋯ p32 참조
짤주머니에 별깍지를 끼우고 크림을 넣고 측면을 히라가나의 노(の)자를 그리듯이 반복해서 짜나간다. ◐틈이 생기지 않도록 짜는 것이 포인트.

13 측면과 마찬가지로 윗면도 테두리부터 히라가나의 노(の)자를 그리듯이 짜나간다.

Colorful Stripe

컬러풀 스트라이프

03
Colorful Stripe

컬러풀 스트라이프

다양한 색깔로 착색한 버터크림을
일일이 겹쳐서 만든 케이크입니다.

난이도 ★★★☆☆

재료

보통 스펀지 … 2개
(직경 약 13m) ⋯ p17 – 19 참조

겹치기
첫 번째 단
블루베리 버터크림

두 번째 단
말차 버터크림

세 번째 단
호박 버터크림

네 번째 단
당근 버터크림

다섯 번째 단
딸기 버터크림

각 단의 크림의 양 … 25g〜30g
⋯ p25 – 27 참조

데코레이션
버터크림 … 약 300g ⋯ p25 참조
스프링클 … 적당량

준비

- 보통 스펀지를 만들어서 식혀둔다.
- 버터크림을 만든다.

01 스펀지를 2~2.5cm 두께가 되도록 가로로 자르고, **첫 번째 단** 이외의 바닥면의 갈색 부분은 얇게 잘라낸다.

02 첫 번째 단 위에 블루베리 크림을 바른다.

03 **02**에 두 번째 단을 겹친다.

04 같은 방법으로 각 색깔의 버터크림을 바르면서 **여섯 번째 단**까지 겹친다.

05 **03**의 표면에 데코레이션용 버터크림을 바른다.
⋯▸ p32 참조

06 스프링클을 윗면 바깥쪽에 뿌린다.

Checkerboard
두 가지 색상의 체스판 케이크

두 가지 색상의 체스판 케이크

색다른 느낌의 케이크를 만들고 싶다면 두 가지 색을 준비해서 만들어봅니다.
그러면 한층 화려한 체스판 모양이 됩니다.

난이도 ★★☆☆☆

재료

(직경 약 13cm)

버터케이크 2개분

버터 … 140g
그래뉴당 … 140g
계란 … 120g(2개분)
우유 … 10g
A | 박력분 … 200g
   | 베이킹파우더 … 6g

착색

말차 파우더 … 6g

접착 · 데코레이션

치즈크림 … 약 280g ➠ p29 참조

> **TIP!** 말차 이외의 반죽을 만들 때의 착색 분량
>
> ▶ 호박
>
> 호박 파우더 … 15g
>
> ▶ 자색고구마
>
> 자색고구마 파우더 … 15g
> 레몬즙 … 계량용 스푼(5ml) 1
> ❶ 레몬즙을 넣으면 발색이 좋아진다. 파우더를 반죽에 섞은 후에 넣는다.
>
> ▶ 딸기
>
> 딸기 파우더 … 15g
> 식용색소(크리스마스레드) … 적당량
> ❶ 식용색소는 딸기 파우더를 반죽에 넣어 섞은 후에 색깔을 보면서 더해준다.

준비

- 재료는 모두 상온으로 꺼내두어 차지 않도록 한다.
- 팬에 종이호일을 깐다. ⋯ p21 참조
- **A**를 각각 합해서 체로 거른다.
- 오븐을 170℃로 예열한다.
- 치즈크림을 만든다.

참고

➦ p52. 53의 사진은 왼쪽부터 '호박&플레인', '말차&플레인', '자색고구마&플레인', '자색고구마&딸기'의 조합이다. '자색고구마&딸기'의 경우는 **02**에서 반죽을 2등분 한 후, 양쪽에 모두 착색을 한다.

01 '기본 버터케이크(p20-22)' 01~06과 같은 요령으로 플레인 반죽을 만든다.

02 01을 2등분해서 한쪽에 말차 파우더를 체로 걸러서 넣고 섞어준다.

03 각각을 팬에 넣고 표면을 가지런히 고른다.

04 예열한 오븐에서 약 35분간 굽는다. 팬에서 꺼내어 케이크 식힘망 위에서 식힌다.

05 각 반죽의 윗부분을 잘라내고 나머지 부분을 2.5cm 두께로 2장씩 준비한다.

06 사진과 같이 다른 크기의 무스링으로 각각의 중심을 뺀다.
◐ 모든 가로 폭이 같도록 한다. 큰 무스링을 이용해서 먼저 뺀 후에 작은 걸로 그 다음 것의 중심을 빼면 깔끔하게 빠진다.

07 속을 뺀 모든 원형 안쪽에 치즈 크림을 얇게 바른다.

08 틀에서 뺀 반죽을 색깔이 서로 다르게 되도록 끼워서 채워 간다. ❯케이크의 양쪽 갈색 바닥 면은 맞춰서 **첫 번째** 단과 **네 번째** 단으로 한다.

겹치기 전의 단

09 **첫 번째** 단 위에 치즈크림을 얇게 바르고, **두 번째** 단을 겹친다. 같은 방법으로 **세 번째** 단도 겹친다.

10 **네 번째** 단도 같은 방법으로 겹친다. 그 때 갈색 면을 위로 한다.

11 **10**의 표면에 치즈크림을 바른다. ⋯ p32 참조

Checkerboard

네 가지 색상의 체스판 케이크

네 가지 색상의 체스판 케이크

두 가지 색상의 체스판 케이크의 응용편.
겹칠 때는 같은 색끼리 연속하지 않도록 합니다.

난이도 ★★★☆☆

재료

(직경 약 13cm)

버터케이크 〈얇은 것〉 2개분 ▶ 첫 번째

버터 … 70g
그래뉴당 … 70g
계란 … 60g(1개분)
우유 … 5g
A | **박력분** … 100g
　　| **베이킹파우더** … 3g

착색

딸기
딸기 파우더 … 8g
식용색소(크리스마스레드) … 적당량

버터케이크 〈얇은 것〉 2개분 ▶ 두 번째

버터 … 70g
그래뉴당 … 70g
계란 … 60g(1개분)
우유 … 5g
A | **박력분** … 100g
　　| **베이킹파우더** … 3g

착색

호박
호박 파우더 … 8g
자색고구마
자색고구마 파우더 … 8g
레몬즙 … 작은 스푼 1/2

접착 · 데코레이션
치즈크림 … 약 280g ➙ p29 참조

준비

- 재료는 모두 상온으로 두어 차지 않도록 한다.
- 종이호일을 팬에 깐다.
  ◯ 〈얇은 것〉용 ➙ p21 참조
- **A**를 각각 합해서 체로 거른다.
- 오븐을 170℃로 예열한다.
- 치즈크림을 만든다.

01 '기본 버터케이크(p20-22)' **01~06**과 같은 요령으로 **첫 번째**의 플레인 반죽을 만든다.

02 **01**을 2등분하고 한쪽에 딸기 파우더를 체로 걸러 넣고 섞은 후 색의 농도를 확인하며 식용 색소를 섞어준다.

03 각각을 팬에 넣고 표면을 가지런히 고른다.

04 예열한 오븐에서 약 30분간 굽는다. 팬에서 꺼내어 케이크 식힘망 위에서 식힌다.

05 **첫 번째**와 같은 요령으로 **두 번째**의 반죽도 호박과 자색고구마로 착색해서 굽는다. ◐ 자색고구마는 레몬즙을 넣으면 발색이 좋아진다. 파우더를 반죽에 섞은 후에 넣는다.

06 각각의 반죽을 가로로 자르고, 2.5cm 두께를 1장씩 준비한다.

07 사진과 같이 다른 크기의 무스링으로 각각의 중심을 뺀다. ◐ 모든 가로 폭이 같도록 한다. 큰 무스링을 이용해서 먼저 뺀 후에 작은 걸로 그 다음 것의 중심을 빼면 깔끔하게 빠진다.

08 모든 원형 안쪽에 치즈크림을 얇게 바른다.

09 무스링으로 뺀 반죽을 색깔이 서로 다르게 되도록 채워 간다.

10 플레인단과 자색고구마단 바닥 면의 갈색 부분들을 잘라내어 두 번째 단과 세 번째 단으로 한다.

겹치기 전의 단

11 첫 번째 단 위에 치즈크림을 얇게 바르고, 두 번째 단을 겹친다. 같은 방법으로 세 번째 단도 겹친다.

12 네 번째 단도 같은 방법으로 겹친다. 그 때 갈색 면을 위로 한다.

13 **12**의 표면에 치즈크림을 바른다. ⋯ p32 참조

Part 3

Motif Sponge Cake

디자인 스펀지케이크

하트나 리본, 곰 모양의 디자인이
케이크를 어떻게 자르든 똑같은 모양으로 보입니다.
스펀지를 2개 준비해서 만들도록 합니다.
숨바꼭질 케이크 중에서
가장 만드는 보람을 느낄 수 있으며 임팩트도 강합니다.

Inside Love
인사이드 러브

인사이드 러브

케이크 속에 감춰진, 특별한 마음.
케이크를 자르면....... 바로 보이죠?

난이도 ★★★★☆

재료

(직경 약 14cm)

일러스트용 스펀지 … 2개 ➡ p17 – 19 참조

접착
버터크림 … 약 30g ➡ p25 참조

속 반죽
속 반죽의 필요량 기준 = 약 110g
(크림의 양 기준 = 80g)
버터크림 … 크림의 약 40%(30g 기준)
➡ p25 참조
딸기 파우더 … 적당량(10g 기준)
식용색소(크리스마스레드) … 적당량

데코레이션
휘핑크림 … 약 350g ➡ p28 참조
깍지 … 장미깍지

준비

- 일러스트용 스펀지를 만들어 식혀둔다.
- 버터크림을 만든다.
- 7~8분 정도 거품을 낸 휘핑크림을 만든다.

만드는 법

01 일러스트용 스펀지를 가로로 자르고, 약 2.5cm 두께를 3장 준비한다. 세 번째 단의 바닥면의 갈색 부분은 얇게 잘라낸다. ➡남은 반죽은 크림용으로 떼어둔다.

02 첫 번째 단의 중심을 No.2로 가볍게 눌러서 표시한다.

04 두 번째 단의 중심을 No.2로 뺀다. 그리고 중심을 맞춰서 No.7으로 가볍게 눌러서 표시한다.

03 표시해둔 곳에서 중심을 향해 나이프를 비스듬히 넣어, 약 1cm 깊이의 원뿔의 뾰족한 부분의 모양으로 도려낸다. ❯ 제거한 반죽은 크럼용으로 떼어둔다.

05 No.7로 표시해둔 곳에서 No.2로 만든 구멍 아래쪽을 향해 나이프를 비스듬히 넣어 한 바퀴 돌려서 반죽을 잘라낸다.

06 세 번째 단의 중심에 No.7로 가볍게 눌러서 표시한다.

07 중심에 나이프로 직경 1cm 정도 동그란 표시를 해둔다.

09 도려낸 표면이 깔끔하게 되도록 나이프로 다듬는다.

08 06에서 한 표시와 07에서 한 동그란 표시를 살리면서 그 외 부분은 안쪽을 향해, 각각의 방향에서 나이프를 비스듬히 넣어, 깊이 약 1cm 정도의 도넛 모양으로 도려낸다.

10 그리고 스푼으로 둥그스름하게 되도록 깎는다. 손으로 가볍게 누르면서 확실하게 형태를 만든다.

11 첫 번째 단과 두 번째 단을 겹치고, 이음매가 어긋나지 않았는지 확인한다.
어긋나면 이음매가 매끄럽게 되도록 나이프로 다시 도려내면서 조절하고 손으로 다듬는다.

12 모든 단의 도려낸 부분에 접착용 버터크림을 가볍게 바른다.

13 떼어 둔 반죽으로 크림을 만들고, 속 반죽용 버터크림을 섞는다. → p70 참조

14 착색한다. ◑ 색의 농도는 취향에 따라 조절한다.

레드 : 딸기 파우더를 섞은 후에 색의 농도를 확인하며 식용색소(크리스마스레드)를 섞어준다.

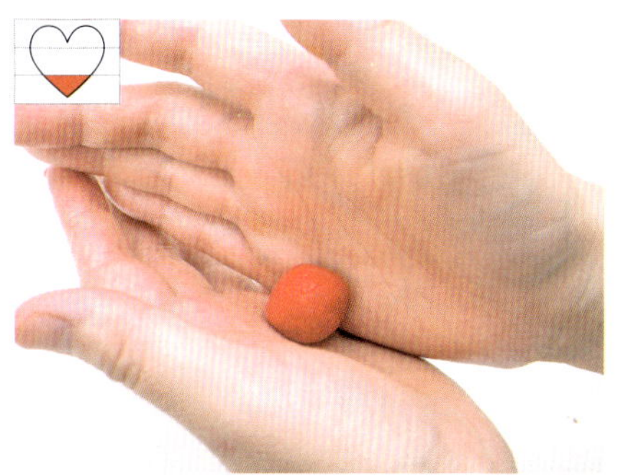

15 속 반죽을 적당량 손바닥으로 동그랗게 만들어서 **첫 번째** 단의 홈에 넣는다.

16 비어져 나온 속 반죽을 나이프로 제거하고, 틈이 생기지 않도록 손가락으로 다듬어준다.

17 두 번째 단의 구멍에 속 반죽을 적당량 퍼서 집어넣고, 틈이 생기지 않도록 손가락으로 다듬어준다.

18 속 반죽 적당량을 손바닥으로 동그랗게 만들어서 한가운데의 홈에 넣는다.

19 비어져 나온 부분을 나이프로 제거하고, 표면을 가지런히 고른다.

20 세 번째 단의 홈에 속 반죽을 채워 넣는다. 처음에 큼직한 덩어리를 도넛 모양으로 넣는다. 비어져 나온 부분을 나이프로 제거하고, 표면을 가지런히 고른다.

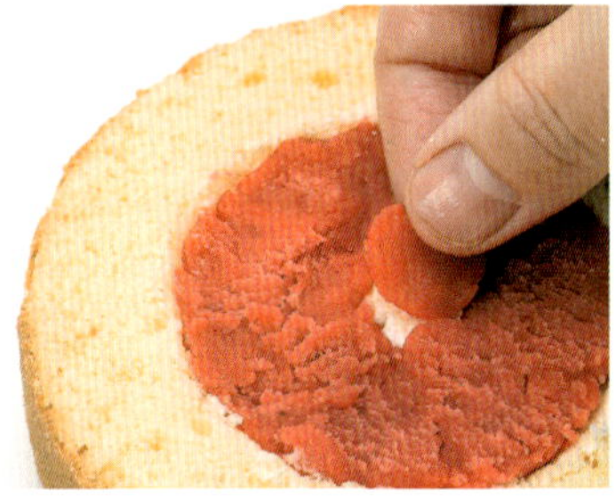

21 중심부에 소량의 속 반죽을 얇게 퍼서 중심부 위에 올려놓는다.

겹치기 전의 단

22 첫 번째 단에 접착용 버터크림을 속 반죽을 피해 얇게 바르고, 두 번째 단을 겹친다.

23 같은 방법으로 두 번째 단에도 버터크림을 속 반죽을 피해서 바르고, 세 번째 단을 뒤집어서 겹친다.

24 **23**의 표면에 휘핑크림을 바른다. ···▸ p32 참조
짤주머니에 장미깍지를 끼우고 크림을 넣는다.

25 깍지 끝이 넓은 쪽을 케이크 측면으로 향하게 하고, 아래쪽에서 위쪽을 향해 좌우로 조금씩 움직이면서 한 줄씩 짜나간다.

26 윗면은 깍지 끝이 넓은 쪽을 안쪽으로 향하게 하고, 접어서 포개듯이 해서 바깥쪽에서 한 바퀴씩 짜나간다.

크럼으로 속 반죽 만들기

Step 1 크럼 만들기

남은 반죽의 갈색 부분을 나이프로 깎아 낸다. ✪속 반죽의 색을 갈색으로 할 때 는 그대로 해도 된다.

1에서 떼어 놓은 반죽을 모두 체나 소쿠 리로 걸러준다. ✪마지막에는 실리콘 주 걱을 사용하면 하기 쉽다.

TIP❶ 크럼이 모자라면…

만약 남은 반죽이 적어서 크럼이 필요량에 모 자라는 경우에는 아래의 방법으로 보충해 주 세요.

· 시판하는 스펀지나 컵케이크로 대용한다.
· 새로 반죽을 굽는다.

Step 2 버터크림 섞기

크럼에 버터크림을 넣고, 실리콘 주걱으로 혼합한다.

전체적으로 촉촉해지면 속 반죽(플레인) 완성. ✪일부를 손으로 뭉쳐보아 금이 가거나 뭉쳐지지 않으면 버터크림을 추 가한다.

Sweet Ribbon
스위트 리본

스위트 리본

케이크의 1단과 2단을 같은 모양으로 만듭니다.
매듭 부분은 꼼꼼하게 만들어 주세요.

난이도 ★★★★★

재료

(직경 약 13cm)

일러스트용 스펀지 … 2개 ➠ p17 – 19 참조

접착
버터크림 … 약 30g ➠ p25 참조

속 반죽
속 반죽의 필요량 기준 = 약 150g
(크림의 양 기준 = 110g)
버터크림 … 크림의 약 40%(40g 기준)
➠ p25 참조
딸기 파우더 … 적당량(6g 기준)
식용색소(크리스마스레드) … 적당량
식용색소(스카이블루) … 적당량

데코레이션
생크림 … 300g
딸기 파우더 … 25g
그래뉴당 … 15g
우유 … 45g
깍지 … 나뭇잎깍지(MARPOL110번)

준비

- 일러스트용 스펀지를 만들어 식혀둔다.
- 버터크림을 만든다.
- 얼음물을 준비한다.

만드는 법

01 스펀지를 가로로 자르고, 약 4 cm 두께를 2장 준비한다. 두 번째 단의 바닥면의 갈색 부분은 얇게 잘라낸다. ➲남은 반죽은 크림용으로 떼어둔다.

02 첫 번째 단의 중심에 원형 무스링 No.1과 No.8을 두고, No.1은 반죽에 가볍게 눌러 표시를 한다. No.8은 약 2cm 깊이로 꽂아 넣는다(무스링 사이즈는 p13 참조).

03 No.1의 표시에서 No.8의 깊이로 향해 나이프를 사선으로 비스듬히 넣고 한 바퀴 돌려서 반죽을 도려낸다.
❷ 제거한 반죽은 크럼용으로 떼어둔다.

04 윗부분의 둥근 부분을 8mm 정도 잘라낸다. 표면을 나이프로 다듬어준다.

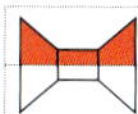

05 두 번째 단도 첫 번째 단과 같은 방법으로 한다. ❷ 구멍의 크기나 위치가 첫 번째 단과 어긋나면 리본모양이 잘 나오지 않으므로 잘 봐가면서 한다.

06 첫 번째 단과 두 번째 단의 깎아낸 부분에 접착용 버터크림을 얇게 바른다.

07 떼어 둔 반죽으로 크럼을 만들고, 속 반죽용 버터크림을 섞는다. ⋯ p70 참조

08 **07**을 9(핑크) 대 1(옥색)로 나누고, 각각에 착색한다.
❷ 색의 농도는 취향에 따라 조절한다.

옥색 : 색의 농도를 확인하며 식용색소
(스카이블루)를 섞어준다.

핑크 : 딸기 파우더를 섞은 후에 색의 농
도를 확인하며 식용색소(크리스마
스레드)를 섞어준다.

09 **첫 번째** 단의 중심에 원형 무스링 No.1을 두고 주위
에 핑크색 속 반죽을 도넛 모양으로 채워 넣는다. 처
음에 큰 덩어리를 바깥쪽에 둔다.

10 그 다음에 작은 덩어리를 안쪽에 두고 표면이 평평해
지도록 손가락으로 가지런히 해준다. ◗ 속 반죽이 비
어져 나온 부분은 나이프로 제거해준다.

11 무스링을 빼내고 빈 곳에 옥색
속 반죽을 채워 넣는다.

12 **두 번째** 단도 **09~11**과 같은
방법으로 핑크와 옥색 속 반죽
을 채워 넣는다.

13 **첫 번째** 단에 접착용 버터크림
을 속 반죽을 피해 얇게 바르고,
두 번째 단을 뒤집어서 겹친다.

14 데코레이션용 딸기 파우더와 그래뉴당을 볼에 넣고 섞은 후, 36℃ 정도로 데운 우유를 넣고 페이스트 상태로 만들어서 식힌다.

15 생크림을 혼합하여 얼음물을 담은 볼 위에 얹은 후 7~8분 정도의 거품을 낸다.

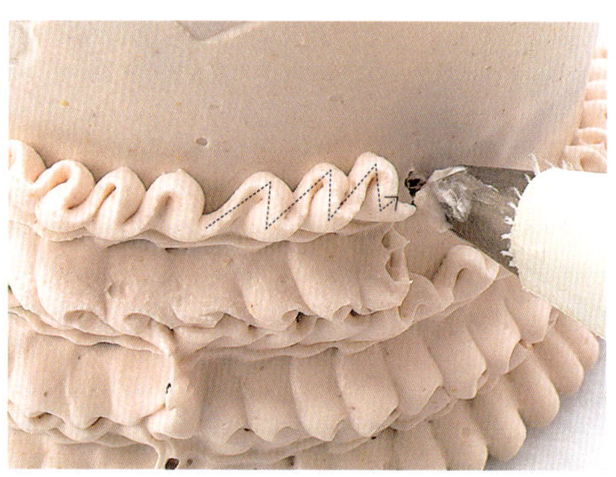

16 **13**의 표면에 **15**를 바른다. ⋯→ p32 참조
짤주머니에 나뭇잎깍지를 끼우고 크림을 넣은 후, 측면만 아래쪽에서부터 지그재그로 한 바퀴씩 짠다.

작고 구여운 곰돌이

빨간 나비넥타이를 맨 새침데기 곰돌이 한 마리가 케이크 안에서 쏘옥 나온답니다.
스푼으로 반죽을 파내어 예쁘게 동그라미를 만드세요.

난이도 ★★★★★

재료

(직경 약 12cm)

일러스트용 스펀지 ··· 2개 ➡ p17 - 19 참조

접착
버터크림 ··· 약 40g ➡ p25 참조

속 반죽
속 반죽의 필요량 기준 = 약 140g
(크림의 양 기준 = 100g)
버터크림 ··· 크림의 약 40%(40g 기준)
➡ p25 참조
코코아 파우더 ··· 적당량(3g 기준)
식용색소(크리스마스레드) ··· 적당량

데코레이션
가나슈크림 ··· 약 220g ➡ p30 참조
깍지 ··· 별깍지(8발)

준비

- 일러스트용 스펀지를 만들어 식혀둔다.
- 버터크림을 만든다.
- 가나슈크림을 만든다.

만드는 법

01 스펀지케이크를 가로로 자르고, 2.5cm 두께를 4장 준비한다. **첫 번째 단** 이외의 바닥면의 갈색 부분은 얇게 잘라낸다. ➡ 남은 반죽은 크림용으로 떼어둔다.

02 두 번째 단의 중심을 No.1으로 빼고, No.6로 살짝 눌러서 표시한다. ➡ 제거한 스펀지케이크는 크림용으로 떼어둔다.

03 No.6으로 표시해둔 곳에서 No.1으로 만들어 놓은 구멍 아래쪽을 향해 나이프를 비스듬히 넣어 한 바퀴 돌려서 스펀지케이크를 잘라낸다.

04 스푼으로 둥그스름하게 깎아 돔 모양으로 만들어준다.

05 세 번째 단의 중심을 No.3으로 빼고, No.6을 가볍게 눌러 표시를 한다. **03~04**와 같은 방법으로 반죽을 잘라내고 돔 모양으로 만들어준다(무스링 사이즈는 p13 참조).

06 네 번째 단의 중심에 No.1과 No.3을 가볍게 눌러 표시를 한다.

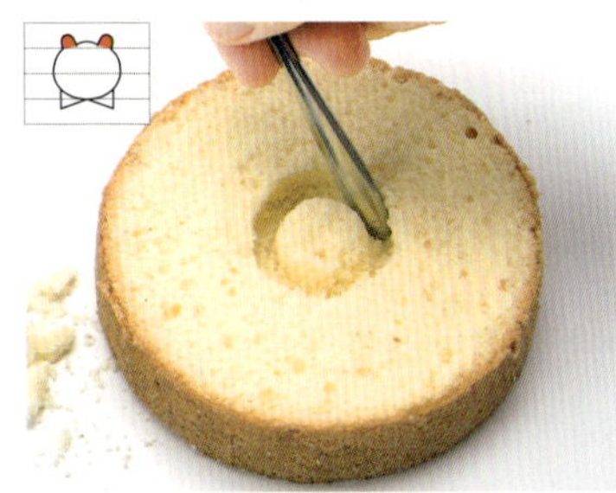  

07 No.1과 No.3 사이를 나이프로 약 1cm 정도 도려내고, 스푼의 손잡이 끝부분을 이용해서 귀 모양으로 만든다. 약간 바깥쪽으로 홈을 만들면 귀처럼 된다.

08 홈의 중심을 조금 깎아내고 손가락으로 살짝 눌러 들어가게 한다.

09 두 번째 단~네 번째 단의 깎아낸 부분에 접착을 위해 버터크림을 얇게 바른다. ▶단을 겹쳐서 구멍의 크기나 위치가 어긋나지 않았는지 확인하고 조절한다.

10 떼어 둔 반죽으로 크림을 만들고, 속 반죽용 버터크림을 섞는다. ···▸ p70 참조

11 **10**을 9(브라운) 대 1(레드)로 나누고, 각각에 착색한다.
❯ 색의 농도는 취향에 따라 조절한다.

브라운 : 색의 농도를 확인하며 코코아 파우더를 섞어준다.

레드 : 색의 농도를 확인하며 식용색소(크리스마스레드)를 섞어준다.

12 **두 번째** 단의 구멍에 브라운 속 반죽을 적당량 퍼서 넣고, 틈이 생기지 않도록 손가락으로 다듬어준다.

13 한 가운데에 브라운 속 반죽을 동그랗게 뭉쳐서 넣는다. 비어져 나온 부분은 나이프로 제거하고 표면을 가지런히 고른다.

14 브라운 속 반죽을 적당량 손으로 막대기 모양으로 만들어 **네 번째** 단의 홈에 도넛 모양으로 넣는다.

15 한가운데의 홈에도 브라운 속 반죽을 소량 퍼서 넣고 위에도 브라운 속 반죽으로 덮어준다.

16 **첫 번째** 단의 중심에 원형 무스 링 No.3을 약 1cm 깊이로 꽂아 넣는다.

17 중심에서 No.3의 깊이로 향해 나이프를 사선으로 비스듬히 넣어 한 바퀴 돌려서 반죽을 도려낸다.

18 산 모양이 된 꼭대기 부분을 2mm 정도 잘라낸다. 깎아낸 부분에 접착을 위해 버터크림을 얇게 바른다.

19 레드 속 반죽을 적당량 손으로 막대기 모양으로 만들어 홈에 도넛 모양으로 채워 넣는다. 그리고 중심 부분에도 소량 펴서 넣고, 손가락으로 약간 눌러준다.

20 두 번째 단을 뒤집어서 중심에 No.3을 꽂아 넣는다.

21 속 반죽의 윤곽에서 No.3으로 표시해둔 쪽을 향해 나이프를 비스듬히 넣어 한 바퀴 돌려서 반죽을 잘라낸다.

22 홈에 레드 속 반죽을 채워 넣는다.

겹치기 전의 단

23 첫 번째 단에 접착용 버터크림을 속 반죽을 피해 얇게 바르고, 두 번째 단을 뒤집어서 겹친다. 같은 방법으로 세 번째 단, 네 번째 단도 겹친다.

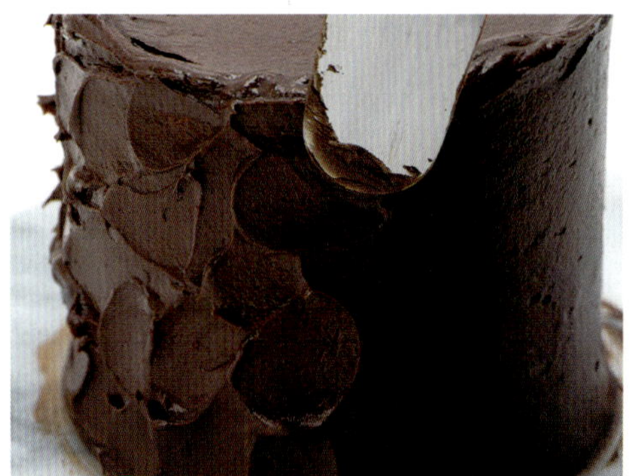

24 **23**의 표면에 가나슈크림을 바른다. ···› p30 참조 팔레트 나이프 앞부분을 이용하여 자연스럽게 쓰다듬듯이 모양을 낸다.

25 짤주머니에 별깍지를 끼우고 크림을 넣은 후, 윗면 테두리에 히라가나의 노(の)자를 그리듯이 반복해서 짜나간다.

Spring Garden
봄기운 가득한 가든

봄기운 가득한 가든

무당벌레 모양이 포인트인 케이크입니다.
말차 버터크림으로 풀을 연출하였습니다.

난이도 ★★★★★

재료

(직경 약 12cm)

일러스트용 스펀지 … 2개 ⋯ p17 – 19 참조

접착
버터크림 … 약 30g ⋯ p25 참조

속 반죽
속 반죽의 필요량 기준 = 약 130g
(크림의 양 기준 = 95g)
버터크림 … 크림의 약 40%(35g 기준)
⋯ p25 참조
딸기 파우더 … 적당량(10g 기준)
코코아 파우더 … 적당량(1g 기준)
식용색소(크리스마스레드) … 적당량

데코레이션
말차 버터크림 … 약 150g ⋯ p25 – 27 참조
5장짜리 꽃잎 ⋯ p36 참조
깍지 잔디(몽블랑)깍지(Wilton233번)

준비

- 5장짜리 꽃잎을 만든다. ◐색깔은 마음
  대로
- 일러스트용 스펀지를 만들어 식혀둔다.
- 버터크림을 만든다.

만드는 법

01 스펀지를 가로로 잘라 4cm 두께를 2장 준비한다. **두 번째 단** 바닥면의 갈색 부분은 얇게 잘라낸다. ◑남은 반죽은 크림용으로 떼어둔다.

02 **첫 번째 단**의 중심에 원형 무스링 No.6을 가볍게 눌러 표시를 한다(무스링 사이즈는 p13 참조).

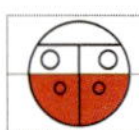

03 표시해둔 곳의 안쪽으로 나이프를 비스듬히 넣어 한 바퀴 돌려서, 약 3cm 깊이의 반원형 모양으로 도려낸다.
❯ 제거한 반죽은 크림용으로 떼어둔다.

04 스푼으로 둥그스름하게 깎아 돔 모양으로 만들어 준다.

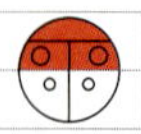

05 두 번째 단도 첫 번째 단과 같은 방법으로 한다. ❯ 구멍의 크기나 위치가 **첫 번째** 단과 어긋나면 무당벌레도 예쁘게 나오지 않으니 잘 봐가면서 한다.

06 **첫 번째** 단과 **두 번째** 단의 깎아 낸 부분에 접착을 위해 버터크림을 얇게 바른다.

07 떼어 둔 반죽으로 크림을 만들고, 속 반죽용 버터크림을 섞는다. ⋯ p70 참조

08 **07**을 7(레드) 대 2(브라운) 대 1(플레인)로 나누고, 플레인 이외는 각각에 착색한다.
❯ 색의 농도는 취향에 따라 조절한다.

레드 : 딸기 파우더를 섞은 후에 색의 농도를 확인하며 식용색소(크리스마스레드)를 섞어준다.

브라운 : 색의 농도를 확인하며 코코아 파우더를 섞어준다.

09 두 **번째** 단의 홈에 브라운 속 반죽을 홈 깊이의 약 1/2 정도로 채운다. 우선 속 반죽을 가볍게 뭉쳐서 넣는다.

10 손가락 끝으로 살살 눌러서 가장자리까지 빈틈없이 골라주고, 표면은 평평하게 해준다.

11 레드 속 반죽을 적당량 펴서 위에서 밀어 넣어, 틈이 생기지 않도록 손가락으로 다듬어준다.

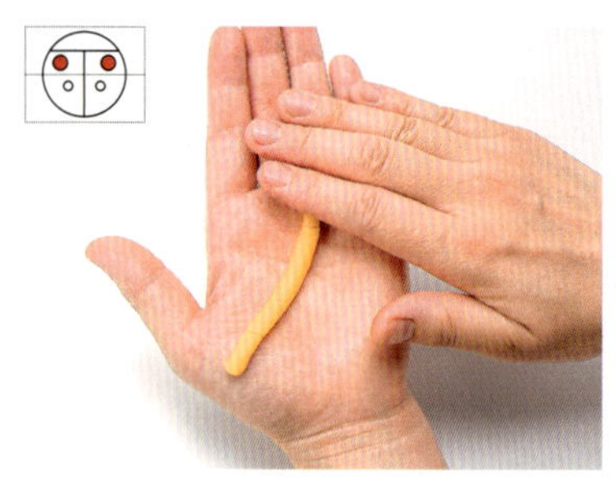 

12 플레인 속 반죽의 적당량을 손으로 막대기 모양으로 만들어 홈에 도넛 모양으로 넣는다. 플레인 속 반죽의 중앙에 레드 속 반죽을 뭉쳐서 넣는다.

13 손가락으로 홈의 테두리 부분을 다듬어준다.

14 레드 속 반죽을 손으로 막대기 모양으로 만들어 플레인 속 반죽의 위쪽에서 틈을 메우듯이 해서 도넛 모양으로 넣는다.

15 비어져 나온 속 반죽은 나이프로 제거하고 표면을 가지런히 해준다.

16 레드 속 반죽을 적당량 펴서 **첫 번째** 단의 홈에 **11**과 같은 요령으로 밀어 넣는다.

18 12~15와 같은 방법으로 한다.

17 레드 속 반죽을 소량 펴서 넣고, 홈의 깊이가 **11**과 같은 정도가 되도록 조절한다.

19 관통하지 않도록 **첫 번째 단**과 **두 번째 단** 각각의 중심에 빨대를 꽂아 속 반죽 부분에 구멍을 뚫는다. ➲빨대는 좀 굵은 편이 깔끔하게 마무리된다.

20 브라운 속 반죽 남은 것을 손으로 막대기 모양으로 만들어서 **19**에서 뚫어 놓은 **첫 번째 단**과 **두 번째 단** 각각의 구멍에 넣는다. 표면을 젓가락 같은 것으로 가지런히 골라준다.

첫 번째 단
(위쪽)

두 번째 단
(아래쪽)

겹치기 전의 단

21 **첫 번째** 단에 접착용 버터크림을 속 반죽을 피해서 얇게 바르고, **두 번째** 단을 뒤집어서 겹친다.

22 **21**의 표면에 말차 버터크림을 바른다.
⋯ p32 참조
측면은 아래쪽에서 위쪽으로 팔레트 나이프를 쓰다듬듯이 해서 세로 모양을 낸다.

23 짤주머니에 잔디(몽블랑)깍지를 끼우고 남은 크림을 넣는다. 윗면 전체에 조금씩 짜나간다.

24 미리 냉동해둔 5장짜리 꽃잎에서 OPP시트를 팔레트 나이프로 떼어내고 그대로 **23** 위에 살짝 얹는다.

Happy Halloween
해피 할로윈

해피 할로윈

난이도가 높은 할로윈 호박.
어떤 표정으로 완성될지는 아무도 모르는 두근두근 할로윈!

난이도 ★★★★★

재료

(직경 약 12cm)

일러스트용 블랙코코아 스펀지 … 2개
⋯▶ p19 참조
일러스트용 스펀지 … 1개 ⋯▶ p19 참조

접착
버터크림 … 약 40g ⋯▶ p25 참조
블랙코코아 파우더 … 적당량

속 반죽
속 반죽의 필요량 기준 = 약 210g
(크림의 양 기준 = 약 150g)
버터크림 … 크림의 약 40%(60g 기준)
호박 파우더 … 적당량(약 10g 기준)
코코아 파우더 … 적당량
말차 파우더 … 적당량
식용색소(오렌지) … 적당량

데코레이션
호박 버터크림 … 약 180g ⋯▶ p25 참조
깍지 … 원형깍지(직경1cm)

준비

- 일러스트용 스펀지. 일러스트용 블랙코코아 스펀지를 만들어서 식혀둔다.
- 버터크림을 만든다.
- 접착용 버터크림과 블랙코코아 파우더를, 일러스트용 블랙코코아 스펀지와 비슷한 색깔이 되도록 혼합해서 코코아 버터크림을 만든다.
- 호박 버터크림을 만든다.

만드는 법

01 블랙코코아 스펀지를 가로로 잘라 **첫 번째** 단부터 순서대로 2.5cm, 2cm, 2cm, 2.5cm 두께로 4장 준비한다.

02 **첫 번째** 단의 중심에 원형 무스링 No.8을 가볍게 눌러 표시를 한다(무스링 사이즈는 p13 참조).

03 표시해둔 곳에서 중심을 향해 나이프를 비스듬히 넣는다. 한 바퀴 돌려 약 1cm 깊이의 돔 모양으로 아래가 수평이 되도록 도려낸다.

04 **03**의 홈 중앙에 깊이 5mm 정도의 둥근 홈을 스푼으로 깎아서 만든다.

05 **04**의 홈 주위에 같은 깊이로 5mm 정도의 도넛 모양의 홈을 만든다. ❯ 스펀지 모양이 흐트러지게 되면 코코아 버터크림으로 보강한다.

06 두 번째 단의 중심을 No.7로 빼고, No.8을 가볍게 눌러 표시를 한다.

07 No.8의 표시해둔 곳에서 No.7의 구멍 아래쪽을 향해 나이프를 비스듬히 넣어서 한 바퀴 돌려 반죽을 잘라낸다.

08 **07**을 뒤집어서 No.7의 테두리를 약간 파내어 직경 6.5cm가 되도록 조절한다.

09 구멍의 측면을 스푼으로 둥글게 파낸다.

10 첫 번째 단 위에 **09**를 그대로 겹쳐 이음매가 어긋나지 않았는지 확인한다. ❯ 어긋났으면 칼로 도려내면서 조절한다.

11 세 번째 단 중심을 No.1로 뺀다.

12 **09**를 구멍의 직경이 6.5cm의 면을 아래로 해서 **11**에 얹고 나이프로 표시를 한다.

13 표시해둔 곳에서 No.1의 구멍 아래쪽을 향해 나이프를 비스듬히 넣어 한 바퀴 돌려서 반죽을 잘라낸다. 단면을 스푼으로 둥글게 되도록 깎는다.

14 첫 번째 단부터 세 번째 단까지 깎은 모든 부분에 코코아 버터크림을 얇게 바른다.

15 일러스트용 스펀지로 크럼을 만들고, 속 반죽용 버터크림을 섞는다. ···▶ p70 참조

16 **15**를 8(오렌지) 대 1.5(브라운) 대 0.5(그린)로 나누고, 각각에 착색한다.
❷ 색깔의 농도는 취향에 따라 조절한다.

오렌지 : 호박 파우더를 넣고 섞은 후에 색의 농도를 확인하며 식용색소(오렌지)를 추가한다.

브라운 : 색의 농도를 확인하며 코코아 파우더를 섞어준다.

그린 : 색의 농도를 확인하며 말차 파우더를 섞어준다.

17 **첫 번째 단**의 홈에 오렌지 속 반죽을 채운다. 먼저 중앙의 홈에 작게 뭉친 속 반죽을 넣고, 바깥쪽에 펼친 속 반죽을 밀어 넣는다.

18 다음에 큼직한 덩어리를 도넛 모양으로 넣고, 표면을 가지런히 고른다. ❷ 반죽이 비어져 나온 부분은 나이프로 제거해준다.

19 속 반죽의 윗면 중심에 No.3을 가볍게 눌러 표시를 하고, 나이프로 약 7mm 깊이의 반원형 모양으로 도려낸다. 스푼으로 돔 모양으로 깎아 준다.

20 홈의 표면이 매끈하게 되도록 손가락으로 다듬은 후, 브라운 속 반죽을 채우고 표면을 가지런히 고른다.

21 두 번째 단, 세 번째 단에 오렌지 속 반죽을 채운다. 펼친 반죽을 구멍의 측면에 붙인 후, 덩어리를 넣는다.

22 세 번째 단에 No.3을 가볍게 눌러 표시를 한다. 별이나 하트 쿠키커터의 뾰족한 부분을 사용하여 표시한 부분을 살짝 파낸다.

23 브라운 속 반죽을 적당량 손으로 막대기 모양을 만들어 파낸 부분에 채우고 표면을 가지런히 고른다.

24 네 번째 단의 중심에 굵직한 빨대를 1cm 정도 꽂았다가 뺀다. 구멍 안쪽에 젓가락 등으로 코코아 버터크림을 바른다.

25 그린(말차) 속 반죽을 적당량 손으로 막대기 모양을 만들어 **24**의 구멍에 넣고 표면을 가지런히 고른다.

두 번째 단
(아래쪽)

첫 번째 단
(위쪽)

네 번째 단
(아래쪽)

세 번째 단
(아래쪽)

겹치기 전의 단

26 첫 번째 단에 코코아 버터크림을 속 반죽을 피해서 얇게 바르고, 두 번째 단을 뒤집어서 겹친다. 같은 방법으로 세 **번째** 단, 네 **번째** 단도 겹친다.

27 **26**에 호박 버터크림을 바른다.
··· p32 참조
짤주머니에 원형깍지를 끼우고, 크림을 넣고, 윗면의 테두리에 짜나간다.

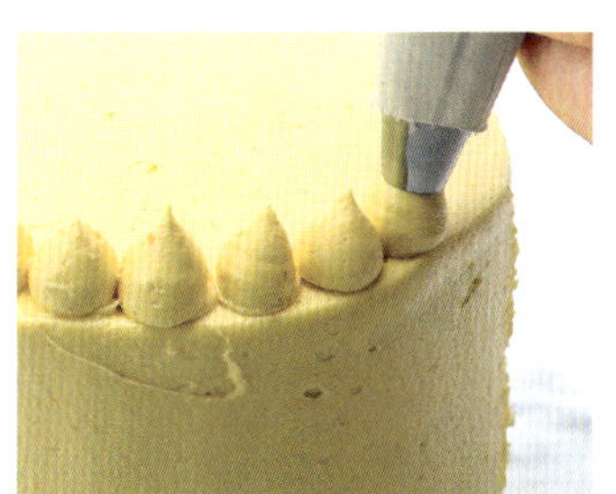

Snow Forest

눈 내리는 숲 속

눈 내리는 숲 속

크리스마스 때 만들고 싶은 트리 케이크입니다.
케이크 위에는 별 모양으로 장식해보세요.

난이도 ★★★★☆

재료

(직경 약 12cm)

일러스트용 스펀지 … 2개 ➜ p19 참조

접착
버터크림 … 약 50g ➜ p25 참조

속 반죽
속 반죽의 필요량 기준 = 약 130g
(크림의 양 기준 = 95g)
버터크림 … 크림의 약 40%(35g 기준)
➜ p25 참조
말차 파우더 … 적당량(1g 기준)
코코아 파우더 … 적당량

데코레이션
휘핑크림 … 약 200g ➜ p28 참조
스프링클(별 모양, 하얀 구슬) … 적당량

준비

- 일러스트용 스펀지를 만들어 식혀둔다.
- 버터크림을 만든다.
- 7~8분 정도의 휘핑크림을 만든다.

만드는 법

01 스펀지를 가로로 잘라 2.3cm 두께를 4장 준비한다. **첫 번째 단** 이외의 바닥면의 갈색 부분은 얇게 잘라낸다. ➡ 남은 반죽은 크림용으로 떼어둔다.

02 첫 번째 단의 중심을 원형 무스링 No.1으로 뺀다. ➡ 제거한 반죽은 크림용으로 떼어둔다. (이하 같음)

03 두 번째 단의 중심을 No.3으로 빼고, No.7을 가볍게 눌러 표시를 한다. (무스링 사이즈는 p13 참조)

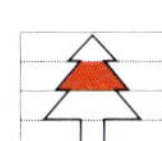

05 세 번째 단의 중심을 No.2로 빼고, No.6을 가볍게 눌러 표시를 한다. **04**와 같은 방법으로 나이프로 잘라낸다.

04 No.7의 표시해둔 곳에서 No.3의 구멍 아래쪽으로 나이프를 사선으로 비스듬히 넣어 한 바퀴 돌려서 반죽을 도려낸다.

06 네 번째 단의 중심에 No.4를 가볍게 눌러 표시를 한다. 표시해둔 곳에서 중심을 향해 나이프를 비스듬히 넣어 한 바퀴 돌려서 반원뿔 모양으로 도려낸다.

07 모든 단의 깎은 부분에 접착을 위해 버터크림을 얇게 바른다.

08 떼어둔 반죽으로 크림을 만들고, 속 반죽용 버터크림을 섞는다. ⟶ p70 참조

09 **08**을 8(그린) 대 2(브라운)로 나누고, 각각에 착색한다. ❷ 색깔의 농도는 취향에 따라 조절한다.

그린 : 색의 농도를 확인하며 말차 파우더를 섞어준다.

브라운 : 색의 농도를 확인하며 코코아 파우더를 섞어준다.

10 브라운 속 반죽을 적당량 손으로 동그랗게 뭉쳐서 **첫 번째 단**의 구멍에 채워 넣고 표면을 가지런히 고른다.

11 **두 번째 단–네 번째 단** 각각에 그린 속 반죽을 채운다. 적당량의 덩어리를 속에 넣고, 비어져 나온 부분을 나이프로 제거한 후, 표면을 가지런히 고른다.

겹치기 전의 단

12 첫 번째 단에 접착용 버터크림을 속 반죽을 피해서 얇게 바르고, **두 번째** 단을 뒤집어서 겹친다. 같은 방법으로 세 **번째** 단, 네 **번째** 단도 겹친다.

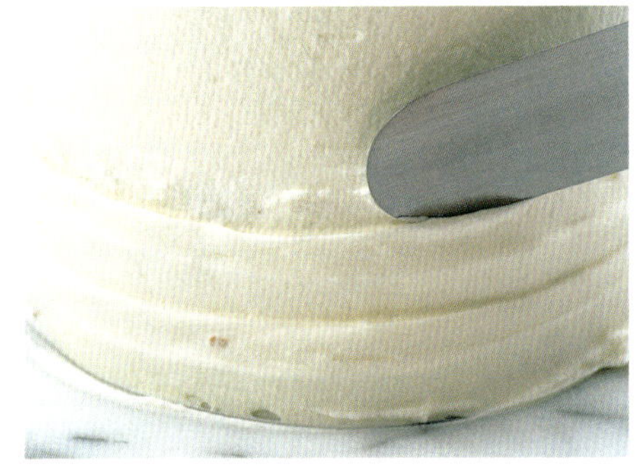

13 **12**의 표면에 휘핑크림을 바른다.
⋯ p32 참조
팔레트 나이프를 가로방향으로 가볍게 대고 돌림판을 돌리면서 아래쪽에서 위쪽을 향해 움직이며 가로줄을 낸다.

14 윗면은 팔레트 나이프를 바깥쪽에 가볍게 대고 돌림판을 돌리면서 중심을 향해 움직이며 소용돌이 모양을 만든다. 마지막에 스프링클을 뿌린다.

Berry Crash
베리베리 바구니

베리베리 바구니

과일 바구니처럼 연출한 데코레이션 케이크 속에는
신선한 딸기랑 블루베리가 가득!

난이도 ★★★☆☆

재료

(직경 약 13cm)

보통 스펀지 … 2개 ⟶ p17 참조
휘핑크림 … 약 260g ⟶ p28 참조
딸기, 라즈베리, 블루베리 … 각 적당량
깍지 … 바구니빗살깍지(MARPOL48번),
별깍지(8발)

준비

• 보통 스펀지를 만들어 식혀둔다.
• 7~8분 정도 거품을 낸 휘핑크림을 만든다.

만드는 법

01 스펀지를 가로로 잘라 2.5cm 두께를 4장 준비한다.

02 첫 번째 단 이외의 바닥면의 갈색 부분은 얇게 잘라낸다.

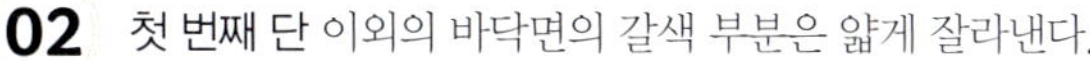

03 두 번째 단과 세 번째 단의 중심을 원형 무스링 No.8로 뺀다. (무스링 사이즈는 p13 참조)

04 첫 번째 단에, 두 번째 단이 겹치는 부분에만 휘핑크림을 얇게 바른다.

05 두 번째 단을 겹쳐서 가볍게 누른다.

06 두 번째 단에도 휘핑크림을 얇게 바르고, 세 번째 단을 겹쳐 가볍게 누른다.

07 딸기, 라즈베리, 블루베리를 속에 넣는다.

08 세 번째 단에 휘핑크림을 얇게 바르고 네 번째 단을 겹쳐 가볍게 누른다.

09 08에 휘핑크림을 바른다.
→ p32 참조
짤주머니에 바구니빗살깍지를 끼우고 크림을 넣고, 측면에 세로 라인을 아래쪽에서 위쪽으로 짠다.

10 09의 오른쪽 옆에 라인 한 개분의 간격을 띄우고 또 한 개분의 세로 라인을 짠다.

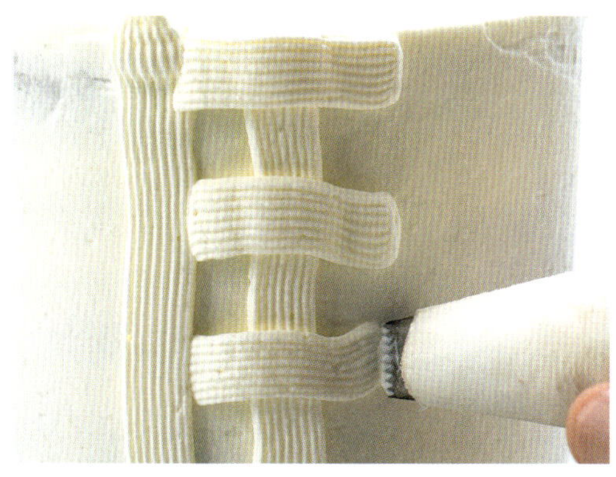

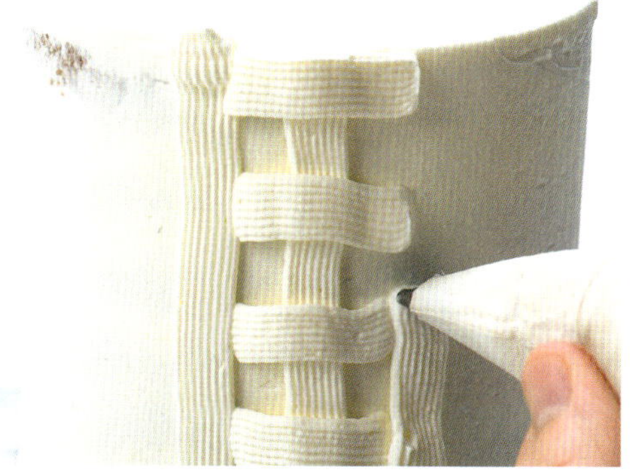

11 가로 라인을 우측의 세로 라인을 넘어 왼쪽에서 오른쪽으로 짠다. 라인 한 개분의 간격을 띄우면서 가로 라인을 한 줄 짠다.

12 11에서 가로 라인 아래가 된 세로 라인에서 라인 한 개분의 간격을 띄우고, 세로 라인을 짠다. ❷11의 가로 라인의 끝이 가려지도록 한다.

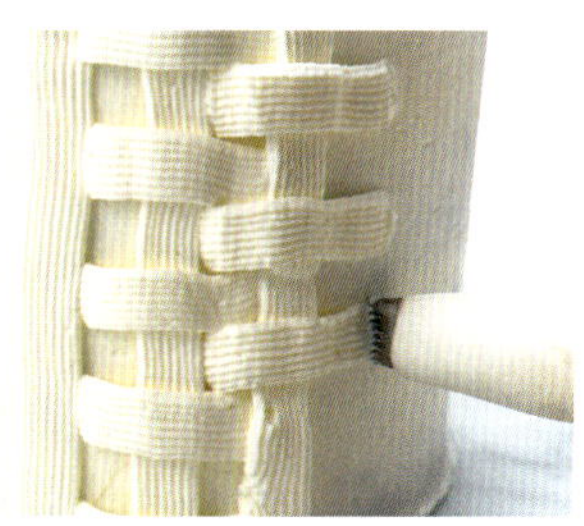

14 12~13과 같은 방법으로 측면에 가로·세로 라인을 짜나간다.

13 11의 가로 라인과 서로 어긋나도록 가로 라인을 한 줄 짠다.

15 짤주머니에 별깍지를 끼우고 크림을 넣는다. 깍지를 눕혀서 윗면의 테두리에 짜나간다.

Coffee Break
커피와 함께하는 타임

커피와 함께하는 타임

시크한 분위기의 커피 케이크입니다.
커피를 좋아하는 사람들에게 선물해도 좋습니다.

난이도 ★★★☆☆

재료

(직경 약 13cm)

보통 스펀지 ⋯ 2개 ⋯▶ p17 참조
버터크림 ⋯ 약 350g ⋯▶ p25 참조
인스턴트 커피 ⋯ 계량용 스푼(5ml) 2
커피빈즈 초콜릿 ⋯ 적당량
깍지 ⋯ 원형깍지(직경 1cm)

준비

- 보통 스펀지를 만들어 식혀둔다.
- 버터크림을 만든다.
- 인스턴트 커피를 따뜻한 물에 계량용 스푼(5ml) 2(분량 외)로 풀어서 커피액을 만들어서 식혀둔다.

만드는 법

01 버터크림에 커피액을 넣고 거품기로 섞어준다.

02 '베리베리 바구니(p107)'의 **01 ~06**과 마찬가지로 스펀지를 커피 버터크림으로 접착하고, 세 번째 단까지 겹친다.

03 세 번째 단에 **01**의 커피 버터크림을 얇게 바르고, 커피빈즈 초콜릿을 속에 넣는다. 네 **번째 단**을 겹쳐서 가볍게 누른다.

04 **03**의 표면에 커피 버터크림을 얇게 바른다. ⋯ p32 참조
짤주머니에 원형깍지를 끼우고 크림을 넣어 측면에 도트(물방울 무늬)
를 1줄 짠다. 각각의 도트를 팔레트 나이프로 가로로 눌러 바르면서
모양을 낸다. 이것을 1줄씩 반복해간다.

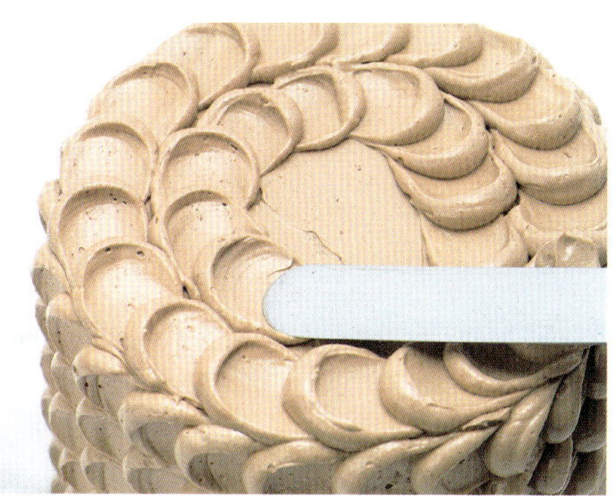

05 윗면은 한 개씩 도트를 짜고, 그때마다 팔레트
나이프로 진행 방향으로 눌러 바르면서 모양을
낸다. 이것을 소용돌이 모양으로 반복해 간다.

사랑하는 그대에게

코코아 반죽 속에 가득 찬, 부드러운 마시멜로.
상대를 생각하는 당신의 마음을 담아서 만듭니다.

난이도 ★★★★☆

재료

(직경 약 14cm)

보통 스펀지 … 2개 ⇢ p17 참조
가나슈크림 … 약 600g ⇢ p30 참조
하트 모양의 마시멜로, 초콜릿 과자
… 각 적당량
깍지 … 별깍지(8발)

준비

- 보통 스펀지를 만들어 식혀둔다.
- 가나슈크림을 만든다.

만드는 법

01 '베리베리 바구니(p107)'의 **01** ~**06**과 같은 방법으로 코코아 스펀지를 가나슈크림으로 접착하고, 세 번째 단까지 겹친다.

02 세 번째 단에 **01**의 가나슈크림을 얇게 바르고 마시멜로, 초콜릿 과자를 속에 넣는다. 네 번째 단을 겹쳐서 가볍게 누른다.

03 **02**에 가나슈크림을 바른다. ⇢ p32 참조
짤주머니에 별깍지를 끼우고, 크림을 넣고, 측면에 아래쪽에서 위쪽으로 나선 모양으로 짠다.

04 **03**의 나선 모양을 1줄씩 반복해 간다.

키즈 파티

속에서 나오는 것은 가지각색의 다양한 색깔의 과자입니다.
이것으로 틀림없이 파티 분위기 업!

난이도 ★★★★☆

재료

(직경 약 12cm)

보통 스펀지 … 2개 ⋯ p17 참조

휘핑크림 … 약 240g ⋯ p28 참조
좋아하는 과자 … 각 적당량
스프링클(하얀 구슬) … 적당량
깍지 … 별깍지(8발)

준비

- 보통 스펀지를 만들어 식혀둔다.
- 7~8분 정도 거품을 낸 휘핑크림을 만든다.

만드는 법

01 '베리베리 바구니(p107)'의 **01**~**06**과 같은 방법으로 스펀지를 휘핑크림으로 접착하고, 세 번째 단까지 겹친다.

02 세 번째 단에 **01**의 휘핑크림을 얇게 바르고, 좋아하는 과자를 속에 넣는다. 네 **번째 단**을 겹쳐서 가볍게 누른다.

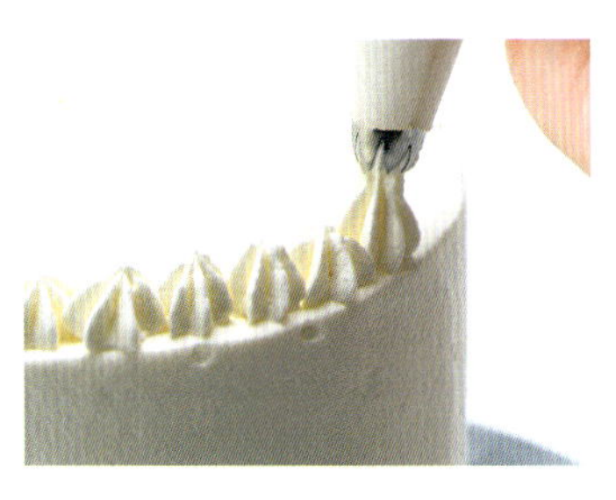

03 **02**의 표면에 휘핑크림을 바른다. ⋯ p32 참조
짤주머니에 별깍지를 끼우고, 크림을 넣고, 윗면에 하나씩 뚜렷한 별 모양이 생기도록 짜나간다.

04 윗면을 메우고 나면 전체에 스프링클을 뿌린다.

남은 반죽으로 만드는 케이크 볼

숨바꼭질 케이크를 만들다보면 스펀지 반죽이나 버터케이크 반죽이 남는 경우가 있습니다.
그럴 때는 꼭 미니 디저트를 만들어보세요.

Step 1 재료

스펀지의 경우
남은 스펀지 반죽 | 적당량
버터크림 | 반죽의 약 40%의 양

버터케이크, 파운드케이크의 경우
남은 버터케이크, 파운드 반죽 | 적당량
버터크림 | 반죽의 약 15%의 양
코팅용 초콜릿 | 적당량
좋아하는 토핑 | 적당량

Step 2 준비

중탕을 준비한다.

1 남은 반죽을 체나 소쿠리로 거른다.

2 버터크림을 넣고 섞어준다. ✪반죽이 잘 뭉쳐지지 않으면 버터크림을 늘리고, 많이 끈적거리면 반죽을 늘려준다.

3

적당량을 집어서 동그랗게 만든다.

4

초콜릿을 볼에 넣고 중탕으로 녹인다. **3**을 담궈서 코팅한다.

5

종이호일을 깐 팬 위에 둔다. 취향에 따라 토핑을 한 후, 말려서 굳힌다.

Part 4

Illustration Pound Cake

일러스트 파운드케이크

케이크를 자르면 속에서 일러스트 무늬가 나오는 파운드케이크를 소개합니다.

선물로도 너무 좋은 케이크입니다.

기본적으로 만드는 방법은 모두 똑같으며

케이크 안에 있는 일러스트 무늬는 색과 모양에 따라 응용해 봅니다.

가지고 있는 쿠키틀로 다양하게 응용해 볼 수 있습니다.

One Heart
하트

Token
of Love

하트

반죽 만드는 방법은 p20의 버터케이크 반죽과 동일합니다.
하트는 색깔이 선명하도록 만듭니다.

난이도 ★☆☆☆☆

재료

(18×8×6cm의 파운드팬 1개분)

속 반죽(딸기)

버터 … 60g
그래뉴당 … 60g
계란 … 60g(1개분)
A | **박력분** … 75g
    | **딸기 파우더** … 10g
    | **베이킹파우더** … 2g
식용색소(크리스마스레드) … 적당량
무스틀 … 하트(4×4cm)

바깥 반죽

버터 … 80g
그래뉴당 … 80g
계란 … 60g(1개분)
우유 … 10g
A | **박력분** … 100g
    | **베이킹파우더** … 3g

준비

- 재료는 모두 상온으로 꺼내두어 차지 않도록 한다.
- 파운드팬에 종이호일을 깐다. ⋯▶ p21참조
- **A**를 각각 합해서 체로 거른다.
- 오븐을 170℃로 예열한다.

만드는 법

01 버터를 실리콘 주걱으로 뭉친 것이 없어질 때까지 반죽한다.

02 그래뉴당을 넣고 핸드믹서로 하얗고 풍성해질 때까지 섞는다.

03 풀어 둔 계란을 조금씩 넣으며 그때마다 섞어준다.

04 속 반죽의 **A**를 넣고 가루가 없어지고 반죽에 윤기가 날 때까지 섞어준다.

05 색의 농도를 확인하며 식용색소를 추가한다.

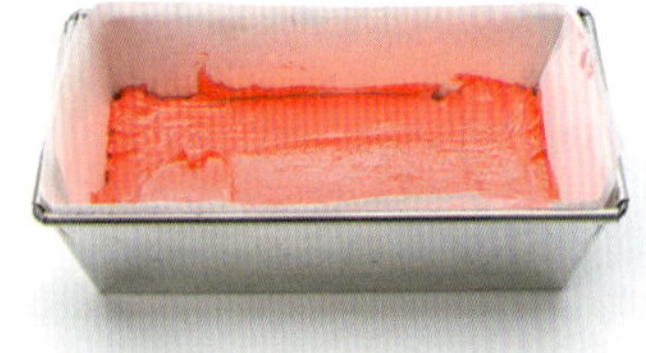

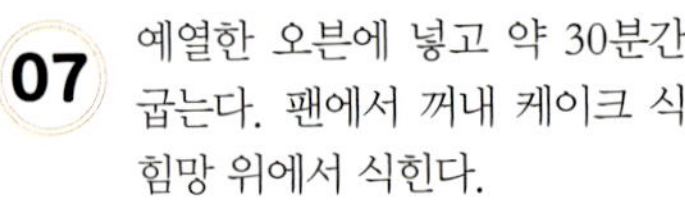

07 예열한 오븐에 넣고 약 30분간 굽는다. 팬에서 꺼내 케이크 식힘망 위에서 식힌다.

06 팬에 부어 넣고 표면을 평평하게 고른다.

08 속 반죽을 슬라이스한다. ❥ 슬라이스하는 두께의 기준은 1.5~2cm로 일정하게 한다.

09 하트 커터로 뺀다. 마르지 않도록 랩을 씌어 둔다.

10 버터를 실리콘 주걱으로 뭉친 것이 없어질 때까지 반죽한다.

11 그래뉴당을 넣고 핸드믹서로 하얗고 풍성해질 때까지 섞는다.

12 풀어 둔 계란을 조금씩 넣으며 그때마다 섞어준다.

13 바깥 반죽의 **A**의 1/2을 넣고 실리콘 주걱으로 섞고, 가루가 조금 남아 있는 상태에서 우유를 넣고 섞어준다.

14 남은 반죽 **A**를 넣고 가루가 없어지고 반죽에 윤기가 날 때까지 섞어준다.

 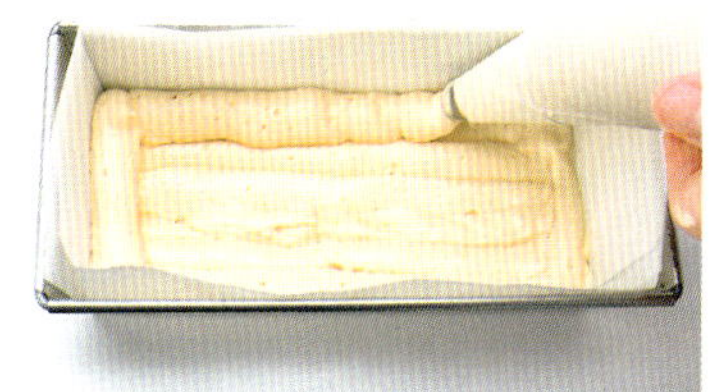

15 짤주머니에 원형깍지를 끼워 **14**에서 만든 반죽을 넣어 파운드팬의 바닥면에 1cm가 조금 안 되는 두께로 펼쳐바른다.

16 그리고 위에서 팬의 옆면을 따라 한 바퀴 짜 준다.

17 **09**의 하트를 바깥 반죽에 가볍게 눌러서 붙이면서 한 줄로 늘어놓는다.

18 위에서부터 틈을 메우듯이 남은 반죽을 짜서 채워넣는다.

19 표면을 가볍게 고르고 예열한 오븐에서 약 35분간 굽는다. 팬에서 꺼내 케이크 식힘망 위에서 식힌다.

팬의 크기에 맞춰 종이호일을 3번 접고 4군데에 칼집을 낸다.

접힌 부분을 따라 접으면서 팬에 넣는다. ◐ 팬 안쪽에 버터를 가볍게 발라두면 종이호일이 팬에 달라붙어 다루기 쉽다.

02
Cinderella Shoes

신데렐라 슈즈

색을 내서 굽는 것은 바깥 반죽뿐입니다.
아이보리색의 하이힐에 담긴 로맨틱한 스토리를 만들어보아요.

난이도 ★★☆☆☆

재료

(18×8×6cm의 파운드팬 1개분)

속 반죽

버터 … 60g
그래뉴당 … 60g
계란 … 60g(1개분)
A │ **박력분** … 75g
　　│ **베이킹파우더** … 2g
무스틀 … 하이힐(BIRKMANN쿠키틀/
　　　　NUT2deco)

바깥 반죽(자색고구마)

버터 … 80g
그래뉴당 … 80g
계란 … 60g(1개분)
우유 … 10g
A │ **박력분** … 100g
　　│ **자색고구마 파우더** … 15g
　　│ **베이킹파우더** … 3g
레몬즙 … 계량용 스푼(5ml) 1
깍지 … 원형깍지(직경 1cm)

데코레이션

휘핑크림 … 적당량 ➡ p28 참조
은색 구슬 … 적당량
깍지 … 별깍지(8발)

준비

- 재료는 모두 상온으로 꺼내두어 차지 않
  도록 한다.
- 파운드팬에 종이호일을 깐다.
  ⋯ p125 참조
- **A**를 각각 합해서 체로 거른다.
- 오븐을 170℃로 예열한다.
- 7~8분 정도의 휘핑크림을 만든다.

만드는 법

01 '하트(p123 – 124)' **01~07**과
같은 요령으로 속 반죽을 만든
다. ▶**05**의 공정은 생략한다.

02 **01**을 필요한 매수만큼 슬라이스
하고, 하이힐 무스틀로 빼낸다.
마르지 않도록 랩을 씌워 둔다.

03 '하트(p124 – 125)' **10~16**과
같은 요령으로 바깥 반죽을 만
들고, 파운드팬에 짜 넣는다. ▶
레몬즙을 넣으면 발색이 좋아진
다. **12**에서 계란을 넣은 후에
섞어 준다.

04 **02**의 하이힐을 바깥 반죽에 가볍게 눌러 붙이면서 한 줄로 늘어놓는다.

05 위에서 하이힐 모양에 따라 남은 바깥 반죽을 짜 넣고, 표면을 가볍게 고른다.

06 예열한 오븐에서 약 35분간 굽고 팬에서 꺼내 케이크 식힘망 위에서 식힌다.

07 짤주머니에 별깍지를 끼우고 휘핑크림을 넣어 슬라이 스한 **06** 위에 한 번 짜준다. 은색 구슬을 얹는다.

Dot Collection
세 가지 색의 도트 컬렉션

세 가지 색의 도트 컬렉션

3색 물방울이 들어간 파운드케이크.
속 반죽을 3개 구워서 한층 더 컬러풀하게 만들어요.

난이도 ★★☆☆☆

재료

(18×8×6cm의 파운드팬 1개분)

속 반죽(딸기)

버터 … 60g
그래뉴당 … 60g
계란 … 60g(1개분)
A | 박력분 … 75g
　 | 딸기 파우더 … 10g
　 | 베이킹파우더 … 2g
식용색소(크리스마스레드) … 적당량
무스틀 … 쿠키 커터링 미니

속 반죽(호박)

버터 … 60g
그래뉴당 … 60g
계란 … 60g(1개분)
A | 박력분 … 75g
　 | 호박 파우더 … 10g
　 | 베이킹파우더 … 2g
무스틀 … 쿠키 커터링 미니

속 반죽(자색고구마)

버터 … 60g
그래뉴당 … 60g
계란 … 60g(1개분)
A | 박력분 … 75g
　 | 자색고구마 파우더 … 10g
　 | 베이킹파우더 … 2g
　 | 레몬즙 … 계량용 스푼(5ml) 1
무스틀 쿠키 커터링 미니

바깥 반죽

버터 … 80g
그래뉴당 … 80g
계란 … 60g(1개분)
우유 … 10g
A | 박력분 … 80g
　 | 베이킹파우더 … 3g
깍지 … 원형깍지(직경1cm)

준비

- 재료는 모두 상온으로 꺼내두어 차지 않도록 한다.
- 파운드팬에 종이호일을 깐다.
　⇢ p125 참조
- A를 각각 합해서 체로 거른다.
- 오븐을 170℃로 예열한다.

만드는 법

01 '하트(p123 – 124)' **01∼07**과 같은 요령으로 3색의 속 반죽을 각각 만든다. ❷호박과 자색고구마는 **05**의 공정을 생략한다. ❷자색고구마는 레몬즙을 넣으면 발색이 좋아진다. **03**에서 계란을 넣은 후에 섞어 준다.

03 '하트(p124 – 125)' **10∼16**과 같은 요령으로 바깥 반죽을 만들고, 파운드팬에 짜 넣는다.

04 **02**의 원형 모양을 바깥 반죽에 가볍게 눌러 붙이면서 색깔별로 늘어놓는다. 우선 간격을 띄우고 2줄 늘어놓는다.

02 **01**을 필요한 매수만큼 슬라이스하고 쿠키 커터링 미니로 뺀다. 마르지 않도록 랩을 씌어 둔다.

06 위에서 틈을 메우듯이 바깥 반죽을 짜 넣고 표면을 가볍게 고른다.

07 예열한 오븐에서 약 35분간 굽고 팬에서 꺼내 케이크 식힘망 위에서 식힌다.

05 두 줄의 원형 모양 사이에 바깥 반죽을 짜 넣고 그 위에 세 번째 줄을 늘어놓는다.

한 가지 색의 도트 컬렉션 ❶

안의 도트는 기본 반죽으로 만들고, 바깥 반죽에는 색을 넣어서 만듭니다.
다양한 색으로 응용해서 만들어보세요.

난이도 ★☆☆☆☆

재료

(18×8×6cm의 파운드팬 1개분)

속 반죽

버터 … 60g
그래뉴당 … 60g
계란 … 60g(1개분)
A | 박력분 … 75g
　 | 베이킹파우더 … 2g
무스틀 … 쿠키 커터링 미니

바깥 반죽(말차)

버터 … 80g
그래뉴당 … 80g
계란 … 60g(1개분)
우유 … 10g
A | 박력분 … 95g
　 | 말차 파우더 … 5g
　 | 베이킹파우더 … 3g
깍지 … 원형깍지(직경 1cm)

준비

- 재료는 모두 상온으로 꺼내두어 차지 않도록 한다.
- 파운드팬에 종이호일을 깐다.
  ⋯➡ p125 참조
- 속 반죽과 바깥 반죽의 **A**를 각각 따로 합해서 체로 거른다.
- 오븐을 170℃로 예열한다.

만드는 법

'세 가지 색의 도트 컬렉션'과 같은 요령입니다. 단, 속 반죽은 플레인만으로 만들고, 바깥 반죽을 파우더로 착색합니다.

한 가지 색의 도트 컬렉션 ❷

안의 도트는 기본 반죽으로 만들고, 바깥 반죽에 색을 넣어서 만듭니다.
다양한 색으로 응용해서 만들어보세요.

난이도 ★☆☆☆☆

딸기 × 플레인

재료

(18×8×6cm의 파운드팬 1개분)

속 반죽

버터 … 60g
그래뉴당 … 60g
계란 … 60g(1개분)
A | **박력분** … 75g
    | **베이킹파우더** … 2g
무스틀 … 쿠키 커터링 미니

바깥 반죽(딸기)

버터 … 80g
그래뉴당 … 80g
계란 … 60g(1개분)
우유 … 10g
A | **박력분** … 100g
    | **딸기 파우더** … 15g
    | **베이킹파우더** … 3g
깍지 … 원형깍지(직경 1cm)

준비

- 재료는 모두 상온으로 꺼내두어 차지 않도록 한다.
- 파운드팬에 종이호일을 깐다.
  ⟶ p125 참조
- 속 반죽과 바깥 반죽의 **A**를 각각 따로 합해서 체로 거른다.
- 오븐을 170℃로 예열한다.

만드는 법

'세 가지 색의 도트 컬렉션'과 같은 요령입니다. 단, 속 반죽은 플레인만으로 만들고, 바깥 반죽을 파우더로 착색합니다.

Twin Star

트윈 스타

06
Twin Star

트윈 스타

밤하늘에 떠 있는 반짝이는 별을 이미지하였습니다.
별의 개수는 한 개만 해도 됩니다.

난이도 ★☆☆☆☆

재료

(18×8×6cm의 파운드팬 1개분)

속 반죽(호박)

버터 … 60g
그래뉴당 … 60g
계란 … 60g(1개분)
A | **박력분** … 75g
    | **호박 파우더** … 10g
    | **베이킹파우더** … 2g
무스틀 … 별(3.3×3.3cm)

바깥 반죽(코코아)

버터 … 80g
그래뉴당 … 80g
계란 … 60g(1개분)
우유 … 10g
A | **박력분** … 80g
    | **코코아 파우더** … 20g
    | **베이킹파우더** … 3g
깍지 … 원형깍지(직경 1cm)

준비

- 재료는 모두 상온으로 꺼내두어 차지 않도록 한다.
- 파운드팬에 종이호일을 깐다.
  ⋯➛ p125 참조
- 속 반죽과 바깥 반죽의 **A**를 각각 따로 합해서 체로 거른다.
- 오븐을 170℃로 예열한다.
- 7~8분 정도의 휘핑크림을 만든다.

만드는 법

01 '하트(p123 - 124)' **01~07**과 같은 요령으로 속 반죽을 만든다. ❯**05**의 공정은 생략한다.

02 **01**을 필요한 매수만큼 슬라이스하고 별 모양 무스링으로 뺀다. 마르지 않도록 랩을 씌어 둔다.

03 '하트(p124 - 125)' **10~16**과 같은 요령으로 바깥 반죽을 만들고 파운드팬에 짜 넣는다.

05 위에서 틈을 메우듯이 바깥 반죽을 짜 넣고 표면을 가볍게 고른다.

06 오븐에서 약 35분간 굽고 케이크 식힘망 위에서 식힌다.

04 **02**의 별 모양을 바깥 반죽에 가볍게 눌러 붙이면서 2줄로 늘어놓는다.

07 짤주머니에 별깍지를 끼우고 휘핑크림을 넣은 후, **06**의 윗면에 히라가나 노(の) 자를 그리듯이 반복해서 짜나간다.

Kiss Me

키스 미

조금 대담한 파운드케이크입니다.
선물해서 애인의 마음을 '심쿵'하게 만들어주세요.

난이도 ★☆☆☆☆

재료

(18×8×6cm의 파운드팬 1개분)

속 반죽(딸기)

버터 … 60g
그래뉴당 … 60g
계란 … 60g(1개분)
A | **박력분** … 75g
| **딸기 파우더** … 10g
| **베이킹파우더** … 2g
식용색소(크리스마스레드) … 적당량
무스틀 … 입술 모양 쿠키 커터

바깥 반죽

버터 … 80g
그래뉴당 … 80g
계란 … 60g(1개분)
우유 … 10g
A | **박력분** … 100g
| **베이킹파우더** … 3g
깍지 원형깍지(직경 1cm)

데코레이션

치즈크림 … 약 100g ⋯ p29 참조
깍지 별깍지(8발)

준비

- 재료는 모두 상온으로 꺼내두어 차지 않도록 한다.
- 파운드팬에 종이호일을 깐다.
  ⋯ p125 참조
- **A**를 각각 합해서 체로 거른다.
- 오븐을 170℃로 예열한다.
- 치즈크림을 만든다.

만드는 법

01 '하트(p123 – 124)' **01~07**과 같은 요령으로 속 반죽을 만든다.

02 **01**을 필요한 매수만큼 슬라이스하고 입술 모양 쿠키 커터로 입술 모양을 만든다. 마르지 않도록 랩을 씌어 둔다.

03 '하트(p124 – 125)' **10~16**과 같은 요령으로 바깥 반죽을 만들고 파운드팬에 짜 넣는다.

05 위에서 틈을 메우듯이 남은 바깥 반죽을 짜 넣고 표면을 가볍게 고른다.

06 예열한 오븐에서 약 35분간 굽고 팬에서 꺼내 케이크 식힘망 위에서 식힌다.

04 **02**의 키스마크 모양을 바깥 반죽에 가볍게 눌러 붙이면서 1줄로 늘어놓는다.

07 짤주머니에 별깍지를 끼우고 치즈크림을 넣은 후, **06**의 윗면에 히라가나 노(の) 자를 그리듯이 반복해서 짜나간다.

Nightmare
나이트메어

08

Nightmare

나이트메어

하나의 파운드케이크 속에 고양이와 박쥐, 두 개의 일러스트가 있네요.
어느 쪽부터 먹고 싶으세요?

난이도 ★★☆☆☆

재료

(18×8×6cm의 파운드팬 1개분)

속 반죽(코코아)

버터 ⋯ 60g
그래뉴당 ⋯ 60g
계란 ⋯ 60g(1개분)
A | **박력분** ⋯ 60g
　　| **코코아 파우더** ⋯ 8g
　　| **블랙코코아 파우더** ⋯ 7g
　　| **베이킹파우더** ⋯ 2g
무스틀 ⋯ 고양이, 박쥐 모양 쿠키 커터
　　　◐ 다른 할로윈 쿠키 커터로도
　　　활용 가능합니다.

바깥 반죽(호박)

버터 ⋯ 80g
그래뉴당 ⋯ 80g
계란 ⋯ 60g(1개분)
우유 ⋯ 10g
A | **박력분** ⋯ 100g
　　| **호박 파우더** ⋯ 15g
　　| **베이킹파우더** ⋯ 3g
깍지 원형깍지(직경 1cm)

데코레이션

가나슈크림 ⋯ 약 60g ⋯ p30 참조

준비

- 재료는 모두 상온으로 꺼내두어 차지 않도록 한다.
- 파운드팬에 종이호일을 간다.
　⋯ p125 참조
- **A**를 각각 합해서 체로 거른다.
- 오븐을 170℃로 예열한다.
- 가나슈크림을 만든다.

만드는 법

01 '하트(p123 – 124)' **01~07**과 같은 요령으로 속 반죽을 만든다. ❷**05**의 공정은 생략한다.

02 **01**을 필요한 매수만큼 슬라이스하고 고양이와 박쥐 모양 쿠키 커터로 모양을 만든다. 마르지 않도록 랩을 씌어 둔다. ❷틀의 세세한 부분(고양이 귀나 박쥐의 날개 중 뾰족한 부분)은 대나무 꼬치나 젓가락으로 살짝 떼면 반죽 모양을 깨끗하게 뺄 수 있다.

03 '하트(p124 – 125)' **10~16**과 같은 요령으로 바깥 반
죽을 만들고 파운드팬에 짜 넣는다.

04 **02**의 고양이와 박쥐 모양을 바깥 반죽에 가볍게 눌러
붙이면서 반반씩 1줄로 늘어놓는다.

05 위에서 틈을 메우듯이 남은 바깥 반죽을 짜 넣고 표면
을 가볍게 고른다.

06 예열한 오븐에서 약 35분간 굽고 팬에서 꺼내 케이크
식힘망 위에서 식힌다.

07 **06**의 윗면에 가나슈크림을 올리고 팔레
트 나이프로 모양을 낸다.

남은 반죽으로 만드는 숨바꼭질 컵케이크

손바닥 사이즈의 숨바꼭질 케이크. 자르면 '버섯' 모양과 '집' 모양이 나옵니다.
속 반죽은 남은 스펀지나 버터케이크 반죽으로 만들어보아요.

(직경 7cm의 머핀 팬 6개분)

버터 | 80g
그래뉴당 | 80g
계란 | 60g (1개분)
우유 | 10g
A | 박력분 … 100g
  | 베이킹파우더 … 3g

속 반죽

(스펀지의 경우)
남은 스펀지 반죽 | 적당량
버터크림 | 반죽의 약 40%의 양

(버터케이크, 파운드케이크의 경우)
남은 버터케이크, 파운드 반죽 | 적당량
버터크림 | 반죽의 약 15%의 양
깍지 원형깍지(직경1cm)

착색

〈버섯〉 : 브라운, 빨강
코코아 파우더 | 적당량
식용색소 (크리스마스레드) | 적당량

〈집〉 : 오렌지, 빨강
식용색소(오렌지) | 적당량
식용색소(크리스마스레드) | 적당량

재료는 모두 상온으로 꺼내두어 차지 않도록 한다.
컵케이크 팬에 종이케이스를 깐다.
A를 혼합해서 체로 거른다.
오븐을 170℃로 예열한다.

속 반죽

1 남은 반죽으로 크럼을 만들고 버터크림을 섞는다.
⋯ p70 참조

2 **1**을 4등분하고 각 색의 농도를 확인하며 착색한다.

3

〈속 반죽 모양〉

손으로 '버섯'과 '집'을 만들 모양을 만들고 마르지 않도록 랩을 씌어 둔다.

4. 버터를 실리콘 주걱으로 덩어리가 없는 상태까지 반죽한다.

5. 그래뉴당을 넣고 핸드믹서로 하얗고 풍성해질 때까지 섞는다.

6. 풀어 둔 계란을 조금씩 넣으며 그때마다 섞어준다.

7. A의 1/2양을 넣고 실리콘 주걱으로 섞어준다.

8. 가루가 조금 남아 있을 때 우유를 넣고 섞어준다.

9. 남은 **A**를 전부 넣고, 가루가 없어져서 반죽에 윤기가 날 때까지 섞어준다.

10. 짤주머니에 깍지를 끼우고 **9**를 넣은 후, 컵케이크 팬 바닥에 두께 1cm 이하로 짜 넣는다.

3을 넣는다. 먼저 '버섯'이라면 줄기 부분, '집'이라면 원기둥 부분을 넣어둔다.

속 반죽 주위를 메우듯이 바깥 반죽을 짜 넣는다.

다음에 '버섯'이라면 갓 부분, '집'이라면 지붕 부분을 올리고 가볍게 누른다.

속 반죽을 메우듯이 바깥 반죽을 더 짜 넣는다. 예열한 오븐에서 약 25분간 굽는다.

패턴지

PART4 '일러스트 파운드케이크'에서 사용한 쿠키 틀의 실제 크기 모양입니다.
쿠키 틀이 없는 경우에는 패턴지로 사용해주세요.
복사한 다음에 잘라 반죽 위에 놓고 틀의 윤곽에 맞춰 나이프로 반죽을 잘라줍니다.

··→ p123 하트

··→ p127 신데렐라 슈즈

··→ p136 트윈 스타

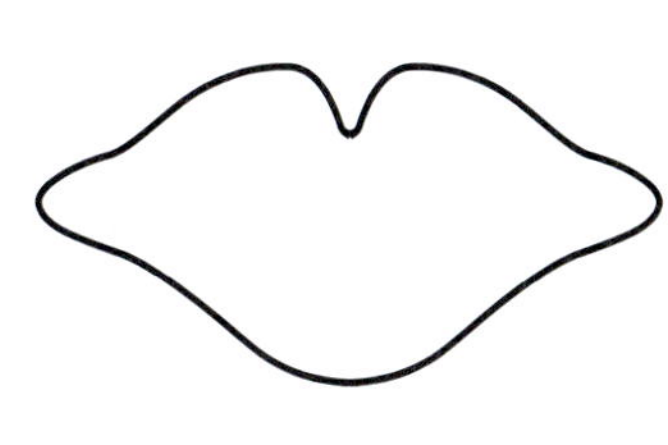

··→ p139 키스 미

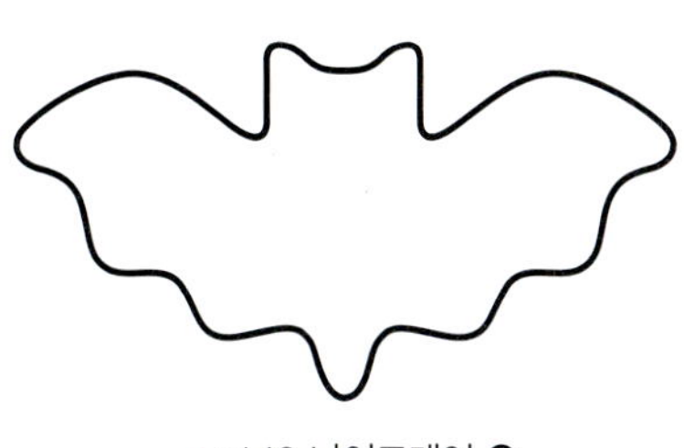

··→ p142 나이트메어 ❶

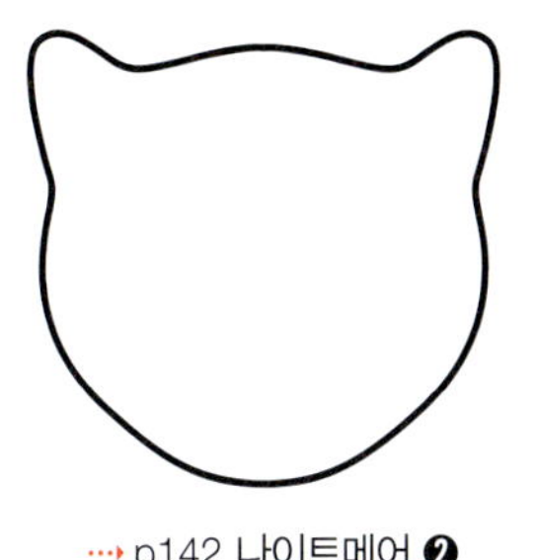

··→ p142 나이트메어 ❷